轨道交通装备制造业职业技能鉴定指导丛书

橡胶成型工

中国中车股份有限公司　编写

中国铁道出版社

2016年·北京

图书在版编目(CIP)数据

橡胶成型工/中国中车股份有限公司编写．—北京：
中国铁道出版社，2016.2
(轨道交通装备制造业职业技能鉴定指导丛书)
ISBN 978-7-113-21150-9

Ⅰ.①橡… Ⅱ.①中… Ⅲ.①橡胶制品－成型－职业技能－鉴定－自学参考资料 Ⅳ.①TQ330.6

中国版本图书馆 CIP 数据核字(2015)第 286934 号

轨道交通装备制造业职业技能鉴定指导丛书

书　　名：**橡胶成型工**
作　　者：中国中车股份有限公司

策　　划：江新锡　钱士明　徐　艳
责任编辑：陈小刚　　编辑部电话：010-51873193
封面设计：郑春鹏
责任校对：马　丽
责任印制：陆　宁　高春晓

出版发行：中国铁道出版社(100054，北京市西城区右安门西街 8 号)
网　　址：http://www.tdpress.com
印　　刷：北京海淀五色花印刷厂
版　　次：2016 年 2 月第 1 版　2016 年 2 月第 1 次印刷
开　　本：787 mm×1 092 mm　1/16　印张：11　字数：262 千
书　　号：ISBN 978-7-113-21150-9
定　　价：35.00 元

中国中车职业技能鉴定教材修订、开发编审委员会

主　任： 赵光兴

副主任： 郭法娥

委　员：（按姓氏笔画为序）

于帮会　王　华　尹成文　孔　军　史治国
朱智勇　刘继斌　闫建华　安忠义　孙　勇
沈立德　张晓海　张海涛　姜　冬　姜海洋
耿　刚　韩志坚　詹余斌

本《丛书》总　编： 赵光兴

副总编： 郭法娥　刘继斌

本《丛书》总　审： 刘继斌

副总审： 杨永刚　娄树国

编审委员会办公室：

主　任： 刘继斌

成　员： 杨永刚　娄树国　尹志强　胡大伟

序

在党中央、国务院的正确决策和大力支持下，中国高铁事业迅猛发展。中国已成为全球高铁技术最全、集成能力最强、运营里程最长、运行速度最高的国家。高铁已成为中国外交的金牌名片，成为高端装备“走出去”的大国重器。

中国中车作为高铁事业的积极参与者和主要推动者，在大力推动产品、技术创新的同时，始终站在人才队伍建设的重要战略高度，把高技能人才作为创新资源的重要组成部分，不断加大培养力度。广大技术工人立足本职岗位，用自己的聪明才智，为中国高铁事业的创新、发展做出了杰出贡献，被李克强同志亲切地赞誉为“中国第一代高铁工人”。如今在这支近9.2万人的队伍中，持证率已超过96%，高技能人才占比已超过59%，有6人荣获“中华技能大奖”，有50人荣获国务院“政府特殊津贴”，有90人荣获“全国技术能手”称号。

高技能人才队伍的发展，得益于国家的政策环境，得益于企业的发展，也得益于扎实的基础工作。自2002年起，中国中车作为国家首批职业技能鉴定试点企业，积极开展工作，编制鉴定教材，在构建企业技能人才评价体系、推动企业高技能人才队伍建设方面取得明显成效。

中国中车承载着振兴国家高端装备制造业的重大使命，承载着中国高铁走向世界的光荣梦想，承载着中国轨道交通装备行业的百年积淀。为适应中国高端装备制造技术的加速发展，推进国家职业技能鉴定工作的不断深入，中国中车组织修订、开发了覆盖所有职业(工种)的新教材。在这次教材修订、开发中，编者基于对多年鉴定工作规律的认识，提出了“核心技能要素”等概念，创造性地开发了《职业技能鉴定技能操作考核框架》。试用表明，该《框架》作为技能人才综合素质评价的新标尺，填补了以往鉴定实操考试中缺乏命题水平评估标准的空白，很好地统一了不同鉴定机构的鉴定标准，大大提高了职业技能鉴定的公平性和公信力，具有广泛的适用性。

相信《轨道交通装备制造业职业技能鉴定指导丛书》的出版发行，对于推动高技能人才队伍的建设，对于企业贯彻落实国家创新驱动发展战略，成为“中国制造2025”的积极参与者、大力推动者和创新排头兵，对于构建由我国主导的全球轨道交通装备产业新格局，必将发挥积极的作用。

中国中车股份有限公司总裁：

二〇一五年十二月二十八日

前　言

鉴定教材是职业技能鉴定工作的重要基础。2002年，经原劳动保障部批准，原中国南车和中国北车成为国家职业技能鉴定首批试点中央企业，开始全面开展职业技能鉴定工作。2003年，根据《国家职业标准》要求，并结合自身实际，我们组织开发了《职业技能鉴定指导丛书》，共涉及车工等52个职业(工种)的初、中、高3个等级。多年来，这些教材为不断提升技能人才素质、满足企业转型升级的需要发挥了重要作用。

随着企业的快速发展和国家职业技能鉴定工作的不断深入，特别是以高速动车组为代表的世界一流产品制造技术的快步发展，现有的职业技能鉴定教材在内容、标准等诸多方面，已明显不适应企业构建新型技能人才评价体系的要求。为此，公司决定修订、开发《轨道交通装备制造业职业技能鉴定指导丛书》。

本《丛书》的修订、开发，始终围绕打造世界一流企业的目标，努力遵循"执行国家标准与体现企业实际需要相结合、继承和发展相结合、质量第一、岗位个性服从于职业共性"四项工作原则，以提高中国中车技术工人队伍整体素质为目的，以主要和关键技术职业为重点，依据《国家职业标准》对知识、技能的各项要求，力求通过自主开发、借鉴吸收、创新发展，进一步推动企业职业技能鉴定教材建设，确保职业技能鉴定工作更好地满足企业发展对高技能人才队伍建设工作的迫切需要。

本《丛书》修订、开发中，认真总结和梳理了过去12年企业鉴定工作的经验以及对鉴定工作规律的认识，本着"紧密结合企业工作实际，完整贯彻落实《国家职业标准》，切实提高职业技能鉴定工作质量"的基本理念，以"核心技能要素"为切入点，探索、开发出了中国中车《职业技能鉴定技能操作考核框架》；对于暂无《国家职业标准》、又无相关行业职业标准的38个职业，按照国家有关《技术规程》开发了《中国中车职业标准》。自2014年以来近两年的试用表明：该《框架》既完整反映了《国家职业标准》对理论和技能两方面的要求，又适应了企业生产和技术工人队伍建设的需要，突破了以往技能鉴定实作考核缺乏水平评估标准的"瓶颈"，统一了不同产品、不同技术含量企业的鉴定标准，提高了鉴定考核的技术含量，提高了职业技能鉴定工作质量和管理水平，保证了职业技能鉴定的公平性和公信力，已经成为职业技能鉴定工作、进而成为生产操作者综合技术素质评价的新标尺。

本《丛书》共涉及99个职业(工种),覆盖了中国中车开展职业技能鉴定的绝大部分职业(工种)。《丛书》中每一职业(工种)又分为初、中、高3个技能等级,并按职业技能鉴定理论、技能考试的内容和形式编写。其中:理论知识部分包括知识要求练习题与答案;技能操作部分包括《技能考核框架》和《样题与分析》。本《丛书》按职业(工种)分册,已按计划出版了第一批75个职业(工种)。本次计划出版第二批24个职业(工种)。

本《丛书》在修订、开发中,仍侧重于相关理论知识和技能要求的应知应会,若要更全面、系统地掌握《国家职业标准》规定的理论与技能要求,还可参考其他相关教材。

本《丛书》在修订、开发中得到了所属企业各级领导、技术专家、技能专家和培训、鉴定工作人员的大力支持;人力资源和社会保障部职业能力建设司和职业技能鉴定中心、中国铁道出版社等有关部门也给予了热情关怀和帮助,我们在此一并表示衷心感谢。

本《丛书》之《橡胶成型工》由原青岛四方车辆研究所有限公司《橡胶成型工》项目组编写。主编仉素君;主审孔军,副主审宋爱武、刘兴臣;参编人员宋红光、张志颖。

由于时间及水平所限,本《丛书》难免有错、漏之处,敬请读者批评指正。

中国中车职业技能鉴定教材修订、开发编审委员会

二〇一五年十二月三十日

目　录

橡胶成型工(职业道德)习题

一、填 空 题

1. (   )是个人安身立命于职场的思想基础。

2. 职业是(   )的结果，也是人类社会生产和生活进步的标志。

3. 在职场竞争中，较高的(   )是增强个人职场竞争力的有效保证。

4. 职业道德具有(   )的性质。

5. (   )能提高企事业单位的核心竞争力，是国家经济稳定发展的前提。

6. 良好的(   )是个人事业成功的基础，是从业人员进入职业的"金钥匙"。

7. "5S"是指：整理、整顿、清扫、清洁、(   )。

8. 树立正确的人生观和(   )是树立职业尊严的前提和保证。

9. (   )是推动人类社会进步的重要精神财富，是职业道德的基础和核心。

10. 以(   )为重点，是社会主义市场经济对道德建设的一个重要要求。

11. 良好的道德风气有助于遵纪守法，这是因为道德和法律之间有(   )的关系。

12. 产品和服务的(   )是企业的生命。

13. 企业文化，需要通过(   )的行为来实现。

14. 社会主义职业道德所提倡的职业理想的核心是(   )。

15. 在职业道德人格和品质的教育、培养中，外部条件是职业道德的(   )。

16. 中国中车的英文缩写是(   )，与国际惯例一致，利于品牌在国际市场上的传播推广。

17. 中国中车使命是接轨世界，(   )。

18. 中国中车愿景是成为(   )装备行业世界级企业。

二、单项选择题

1. 强化职业责任是(   )职业道德规范的具体要求。

(A)团结协作　(B)诚实守信　(C)勤劳节俭　(D)爱岗敬业

2. 党的十六大报告指出，认真贯彻公民道德建设实施纲要，弘扬爱国主义精神，以为人民服务为核心，以集体主义为原则，以(   )为重点。

(A)无私奉献　(B)爱岗敬业　(C)诚实守信　(D)遵纪守法

3. 下面关于以德治国与依法治国的关系的说法中正确的是(   )。

(A)依法治国比以德治国更为重要

(B)以德治国比依法治国更为重要

(C)德治是目的，法治是手段

(D)以德治国与依法治国是相辅相成，相互促进

4. 办事公道是指职业人员在进行职业活动时要做到(　　)。
(A)原则至上,不徇私情,举贤任能,不避亲疏
(B)奉献社会,襟怀坦荡,待人热情,勤俭持家
(C)支持真理,公私分明,公平公正,光明磊落
(D)牺牲自我,助人为乐,邻里和睦,正大光明

5. 关于勤劳节俭的说法,正确的是(　　)。
(A)阻碍消费,因而会阻碍市场经济的发展
(B)市场经济需要勤劳,但不需要节俭
(C)节俭是促进经济发展的动力
(D)节俭有利于节省资源,但与提高生产力无关

6. 以下关于诚实守信的认识和判断中,正确的选项是(　　)。
(A)诚实守信与经济发展相矛盾
(B)诚实守信是市场经济应有的法则
(C)是否诚实守信要视具体对象而定
(D)诚实守信应以追求利益最大化为准则

7. 要做到遵纪守法,对每个职工来说,必须做到(　　)。
(A)有法可依　(B)反对"管"、"卡"、"压"
(C)反对自由主义　(D)努力学法,知法、守法、用法

8. 下列关于创新的论述,正确的是(　　)。
(A)创新与继承根本对立　(B)创新就是独立自主
(C)创新是民族进步的灵魂　(D)创新不需要引进国外新技术

9. 下列关于爱岗敬业的说法中,你认为正确的是(　　)。
(A)市场经济鼓励人才流动,再提倡爱岗敬业已不合时宜
(B)即便在市场经济时代,也要提倡"干一行、爱一行、专一行"
(C)要做到爱岗敬业就应一辈子在岗位上无私奉献
(D)在现实中,我们不得不承认,"爱岗敬业"的观念阻碍了人们的择业自由

10. 现实生活中,一些人不断地从一家公司"跳槽"到另一家公司。虽然这种现象在一定意义上有利于人才的流动,但它同时也说明这些从业人员缺乏(　　)。
(A)工作技能　(B)强烈的职业责任感
(C)光明磊落的态度　(D)坚持真理的品质

11. 关于企业规章制度,理解正确的是(　　)
(A)规章制度虽然能够使员工步调一致,但同时抑制了人们的创造性
(B)规章制度是企业管理水平低的表现,好的企业不用规章制度便能够管理有序
(C)在规章制度面前,没有特例或不受规章制度约束的人
(D)由于从业人员没有制定规章制度的权利,遵守与不遵守规章可视情况而定

12. 下面(　　)不是爱岗敬业的具体要求。
(A)树立职业理想　(B)强化职业责任
(C)提高职业技能　(D)抓住择业机遇

13. 以下关于"节俭"的说法,你认为正确的是(　　)。

(A)节俭是美德,但不利于拉动经济增长
(B)节俭是物质匮乏时代的需要,不适应现代社会
(C)生产的发展主要靠节俭来实现
(D)节俭不仅具有道德价值,也具有经济价值

14. 下列说法中,不符合从业人员开拓创新要求的是(　　)。
(A)坚定的信心和顽强的意志　　(B)先天生理因素
(C)思维训练　　(D)标新立异

15. 下列关于职业道德的说法中,正确的是(　　)。
(A)职业道德的形式因行业不同而有所不同
(B)职业道德在内容上具有变动性
(C)职业道德在适用范围上具有普遍性
(D)讲求职业道德会降低企业的竞争力

三、多项选择题

1. 爱岗敬业的具体要求是(　　)。
(A)树立职业理想　　(B) 强化职业责任
(C)提高职业技能　　(D) 抓住择业机遇

2. 办事公道,必须做到(　　)。
(A)坚持真理　　(B)自我牺牲　　(C)舍己为人　　(D)光明磊落

3. 在企业生产经营活动中,员工之间团结互助的要求包括(　　)。
(A)讲究合作,避免竞争　　(B)平等交流,平等对话
(C)既合作,又竞争,竞争与合作相统一　　(D)互相学习,共同提高

4. 关于诚实守信的说法,你认为正确的是(　　)。
(A)诚实守信是市场经济法则
(B)诚实守信是企业的无形资产
(C)诚实守信是为人之本
(D)奉行诚实守信的原则在市场经济中必定难以立足

5. 创新对企事业和个人发展的作用表现在(　　)。
(A)是企事业持续、健康发展的巨大动力
(B)是企事业竞争取胜的重要手段
(C)是个人事业获得成功的关键因素
(D)是个人提高自身职业道德水平的重要条件

6. 职业纪律具有的特点是(　　)。
(A)明确的规定性　　(B)一定的强制性
(C)一定的弹性　　(D)一定的自我约束性

7. 无论人事的工作有多么特殊,它总是离不开一定的(　　)的约束。
(A)岗位责任　　(B)家庭美德　　(C)规章制度　　(D)职业道德

8. 关于勤劳节俭的正确说法是(　　)。
(A)消费可以拉动需求,促进经济发展,因此提倡节俭是不合时宜的

(B)勤劳节俭是物质匮乏时代的产物,不符合现代企业精神

(C)勤劳可以提高效率,节俭可以降低成本

(D)勤劳节俭有利于可持续发展

9. 加强职业道德修养的方式包括(　　)。

(A)学习职业道德规范　　(B)自我约束

(C)以先进典型为标尺　　(D)慎独

10. 职业道德主要通过(　　)的关系,增强企业的凝聚力。

(A)协调企业职工间　　(B)调节领导与职工

(C)协调职工与企业　　(D)调节企业与市场

11. 中国中车核心价值观是(　　)。

(A)诚信为本　　(B)创新为魂　　(C)崇尚行动　　(D)勇于进取

12. 中国中车团队建设目标是(　　)。

(A)实力　　(B)活力　　(C)生产力　　(D)凝聚力

四、判 断 题

1. 市场经济自身会自发地矫正其在职业道德方面的消极影响。(　　)

2. 爱岗敬业是全社会大力提倡的职业道德行为准则,是国家对人们职业行为共同要求,是每一个从业人员应遵守的共同职业道德。(　　)

3. 一个有良好职业道德的人,首先应该是诚实守信的。(　　)

4. 社会主义职业道德的核心是树立新的劳动态度。(　　)

5. 职业道德总的要求是“爱岗敬业、诚实守信、办事公道、服务群众、奉献社会”,而爱岗敬业是其中的“立足点”。(　　)

6. 在同一社会里,社会经济关系的某些变化,不会引起社会道德的变化。(　　)

7. 职业道德是随着不同职业的出现而产生的。(　　)

8. 在社会主义市场经济条件下,职业活动体现责、权、利的统一。(　　)

9. 忠于职守、爱岗敬业就要干一行,爱一行,终身只能从事某职业。(　　)

10. 守信是诚实品格必然导致的行为,也是诚实与否的判定依据和标准。(　　)

11. 办事是否公道,与品德有关,与认识能力无关。(　　)

12. 服务群众,这只是对共产党员和领导干部的要求。(　　)

13. 职业道德问题纯属小事,“小节无大碍”,平时工作中只要不违法乱纪,不出大错就行。(　　)

14. 职业道德行为的养成,与职业技能的培养与提高没有关系。(　　)

15. 职业正义感是一种基本的高尚的职业道德情感。(　　)

16. 诚实守信是中国中车生存发展的根本,是全体中车人做人做事的根本准则。(　　)

橡胶成型工(职业道德)答案

一、填 空 题

1. 职业道德　　2. 社会分工　　3. 职业道德修养　　4. 社会公德
5. 职业素养　　6. 职业素养　　7. 素养　　8. 价值观
9. 爱岗敬业　　10. 诚实守信　　11. 相互作用　　12. 质量
13. 职工　　14. 为人民服务　　15. 教育　　16. CRRC
17. 牵引未来　　18. 轨道交通

二、单项选择题

1. D　　2. C　　3. D　　4. C　　5. C　　6. B　　7. D　　8. C　　9. B
10. B　　11. C　　12. D　　13. D　　14. B　　15. C

三、多项选择题

1. ABC　　2. AD　　3. BCD　　4. ABC　　5. ABC　　6. AB　　7. ACD
8. CD　　9. ABCD　　10. ABC　　11. ABCD　　12. ABD

四、判 断 题

1. ×　　2. √　　3. √　　4. √　　5. ×　　6. ×　　7. √　　8. √　　9. ×
10. √　　11. ×　　12. ×　　13. ×　　14. ×　　15. √　　16. √

橡胶成型工(初级工)习题

一、填 空 题

1. 使橡胶发生硫化的物质称为橡胶的(　　)。

2. 粘流态、(　　)和高弹态,称为生胶随温度变化的三态。

3. 橡胶按来源与用途可分为合成橡胶和(　　)两大类。

4. 产量最大的一种合成橡胶是(　　)橡胶。

5. 胶料的硫化未达到正硫化,称为(　　),会使胶料的物理机械性能和耐老化性能下降。

6. 硫化后,橡胶制品与模型尺寸存在着差异,这种现象称为(　　)。

7. 胶料在一定温度下,单位时间所取得的硫化程度称为(　　)。

8. 时间、温度和(　　)构成硫化反应条件的主要因素,它们对硫化质量有决定性影响,通常称为硫化“三要素”。

9. 混炼胶的质量对胶料的后续加工性能、半成品质量和成品性能具有(　　)影响。

10. 在混炼条件下的橡胶并非处于流动状态,而是(　　)状态。

11. 对混炼胶的质量要求主要有两个方面,一是要求胶料能保证成品具有良好的物理机械性能,二是要求胶料具有良好的(　　)性能。

12. 屈挠疲劳主要是增加橡胶分子与氧的(　　),从而加速老化。

13. 对天然胶,最适宜的硫化温度为(　　)℃。

14. 一般天然橡胶成分中含有橡胶烃 92%～(　　)%。

15. 天然橡胶大分子的链结构单元是异戊二烯,大分子链主要是由(　　)构成的。

16. 生胶,即尚未被交联的橡胶,由(　　)或者带支链的线形大分子构成。

17. 混炼、压延、压出、(　　)、硫化等工艺过程,均为天然橡胶的加工过程。

18. 常用的胶黏剂从制造材料分,有(　　)、橡胶型、橡胶与树脂的混合型三种。

19. 天然橡胶有两种分级方法:一种按(　　)分级,一种按理化指标分级。

20. 具有使橡胶大分子交联作用的是(　　)体系。

21. 硫化过程除交联反应、网络形成阶段外,还包括(　　)阶段。

22. 除热硫化阶段、平坦硫化阶段和过硫化阶段外,硫化历程还包括(　　)阶段。

23. 能降低硫化温度,缩短硫化时间,减少硫黄用量,又能改善硫化胶的物理性能的物质是(　　)。

24. 橡胶的(　　)是指生胶或橡胶制品在加工、贮存或使用过程中,由于受外界因素的影响使其发生物理或化学变化,使性能逐渐下降的现象。

25. 在最小辊距的中央处胶料流动快于两边,形成速度梯度,产生剪切,使胶料产生(　　)变形。

26. 导致橡胶老化的因素很多,主要有热、(　　)、臭氧、微量金属、阳光、紫外线等。

27. 1839 年,美国人(　　)一个偶然机会发现了橡胶硫化法,使橡胶成为有使用价值的材料。

28. 橡胶硫化体系的三个部分是(　　)、活化剂、促进剂。

29. 橡胶制品中最主要的补强剂是(　　)。

30. 未经塑炼和混炼的天然橡胶与合成橡胶统称为(　　)。

31. 能抑制橡胶老化的物质称为(　　)。

32. 配入胶料后,在橡胶硫化过程中能增加促进剂的活性的物质称为(　　)。

33. 生胶塑炼前的准备工作包括选胶、(　　)和切胶处理过程。

34. 填料的(　　)、结构、表面性质对于混炼过程和混炼胶性质均有影响。

35. 混炼胶质量快检有可塑度测定或门尼黏度的测定、(　　)、硬度测定、门尼焦烧。

36. 天然橡胶是一种(　　)橡胶,即不需要加补强剂自身就有较高的强度。

37. 塑性保持率是指生胶在(　　)加热前后华莱士可塑度的比值。

38. 能够提高橡胶的化学性能,改善加工工艺性能,增大体积,降低成本的是(　　)体系。

39. 能通过化学、物理作用,延长制品寿命的是(　　)体系。

40. 混炼胶是胶态分散体,(　　)称分散介质,粉状配合剂称分散相。

41. 补强填充剂粒径越(　　),比表面积越大,分散越难。

42. 骨架层是胶管的骨架,给胶管以必要的(　　)和刚度,承受着流体的张力和压力。

43. 压延后胶片会出现性能上的(　　)现象,称为压延效应。

44. 同一配方可用基本配方、质量百分数配方、体积百分数配方、(　　)方法表示。

45. 橡胶在混炼过程中涂隔离剂是为了防止(　　)。

46. 交联的形成和交联密度的增加都会(　　)滞后损耗,提高橡胶弹性。

47. 一般橡胶制品的骨架材料可分为(　　)骨架材料和钢丝骨架材料两大类。

48. 橡胶增塑体系根据应用范围不同分为软化剂和(　　)。

49. 橡胶制品的化学稳定性,首先取决于主体材料橡胶的化学结构,其次是(　　)。

50. 能够增大胶料流动性,降低胶料黏度,改善加工性能,降低成本的是(　　)体系。

51. 橡胶工业用的主要补强剂是(　　)和白炭黑。

52. 补强剂和填充剂统称为(　　)。

53. 在影响老化的物理因素中,(　　)是最基本的而且是最重要的因素。

54. 顺丁橡胶等含有丁二烯的橡胶在热氧老化过程中分子结构都是以分子链之间产生(　　)为主。

55. 一个完整的橡胶配方基本由以下五大体系组成:生胶、(　　)、补强与填充体系、防护体系和增塑体系。

56. 硫化是橡胶工业生产加工的最后一个工艺过程。在这过程中,橡胶发生了一系列的(　　)反应,使之变为立体网状的橡胶。

57. 通用橡胶中弹性最好的橡胶是(　　)。

58. 顺丁橡胶生胶或未硫化胶停放时会因自重发生流动的现象叫(　　)。

59. 空气弹簧气囊成型用胶帘布压延后的停放时间不得少于(　　)h 方可使用。

60. 对存放期内喷霜的空气弹簧气囊用胶帘布(　　)使用并报相关人员处理。

61. 空气弹簧气囊成型用成卷胶帘布,垫布宽度要(　　)帘布宽度 80～100 mm。

62. 空气弹簧气囊成型用胶帘布表面不允许有劈缝、露白、弯曲和褶子等质量缺陷,但允许有轻微劈缝,其间距不大于(　　)根帘线。

63. 空气弹簧气囊成型准备过程中,需要按(　　)的先后顺序上大卷胶帘布。

64. 空气弹簧用胶帘布质量要求断面厚度(　　),准确。

65. 轨道空气弹簧气囊成型按成型工艺方法分为一段成型法和(　　)。

66. 空气弹簧气囊成型层贴帘布的质量标准中,大头小尾应小于(　　)mm。

67. 空气弹簧气囊成型时,发现帘布表面有局部露线,需要用(　　)胶片补贴。

68. 空气弹簧气囊成型过程中,对帘布活褶子需要用(　　)号汽油进行处理。

69. 空气弹簧气囊成型环境温度要求不低于(　　)℃。

70. 空气弹簧气囊成型过程中,使用(　　)对胶片厚度进行测量。

71. 空气弹簧气囊所用的胶片压延后停放时间不得少于(　　)h方可使用。

72. 空气弹簧气囊帘布贴合时要(　　)压实。

73. 轨道空气弹簧气囊根据结构形式的不同,分为大曲囊、小曲囊和(　　)三种。

74. 空气弹簧囊气囊在成型机头上贴合帘布筒时,帘布角度要(　　)排列。

75. 空气弹簧气囊成型操作,差级 5 mm 以下的空气弹簧气囊帘布贴合单层偏歪值≤(　　)mm。

76. 空气弹簧气囊囊坯要做到"四无",(　　)、无掉胶、无杂物、无断线。

77. 空气弹簧气囊成型过程中,钢丝圈包布轻微掉胶必须涂刷(　　)。

78. 空气弹簧气囊成型各部件要均匀涂刷(　　),特别是缓冲层边部更要均匀,以确保黏合。

79. 腰带式空气弹簧气囊成型帘布贴合过程中,接头出角应小于(　　)mm。

80. 空气弹簧气囊成型过程中帘布筒、缓冲层、胶片等要(　　)压实,不得合压。

81. 空气弹簧气囊胶帘布裁断时卷取的小卷帘布,垫布的头和尾要分别留有(　　)m左右的垫布。

82. 空气弹簧气囊外胶起毛前要先涂刷(　　)。

83. 空气弹簧气囊层层缠绕钢丝圈的接头为(　　)。

84. 空气弹簧气囊囊坯穿刺锥子的规格为直径(　　)mm。

85. 空气弹簧气囊帘布裁断大头小尾应小于(　　)mm。

86. 空气弹簧气囊帘布裁断接头出角应小于(　　)mm。

87. 空气弹簧气囊帘布裁断帘布层接头压线(　　)根。

88. 空气弹簧气囊帘布裁断裁好的胶帘布要卷齐、卷紧,两边(　　)露胶帘布。

89. 空气弹簧气囊帘布表面质量情况的测量方法为(　　)。

90. 空气弹簧气囊成型整个囊坯不仅要做到"(　　)",而且要做到"四无"。

91. 空气弹簧气囊供料架上胶帘布角度要(　　)排列。

92. 空气弹簧气囊成型所用的半成品有胶片、胶帘布、(　　)等。

93. 空气弹簧气囊钢丝圈的周长公差为±(　　)mm。

94. 空气弹簧气囊成型扣圈盘的周长公差为±(　　)mm。

95. 空气弹簧气囊成型机头的椭圆度要求不大于(　　)mm。

96. 空气弹簧气囊成型使用钢丝圈要按(　　)的先后顺序进行。

97. 空气弹簧气囊帘布扣圈部位要(　　)涂刷汽油,待汽油挥发至无痕后方可进行下一工步生产。

98. 空气弹簧气囊成型操作过程中,帘布反包后,要用(　　)将子口部位压实。

99. 空气弹簧气囊成型操作过程中,钢丝圈扣正后必须用(　　)压实后方可进行反包。

100. 空气弹簧气囊成型操作过程中,要随时目测胶帘布的(　　),不合格的不能使用。

101. 空气弹簧气囊成型过程中,增强层的贴合要求(　　)压实,气泡扎尽。

102. 空气弹簧气囊贴合增强层时,其角度要与囊体帘布层(　　)排列。

103. 空气弹簧气囊的胶片接头必须修平、(　　)、压实、压牢。

104. 空气弹簧气囊成型胶帘布有折子的要(　　)。

105. 空气弹簧气囊成型扣正钢丝圈后,反包需靠近钢丝圈(　　)将帘布翻起。

106. 空气弹簧气囊成型机下压辊要求合拢后(　　)。

107. 空气弹簧气囊成型过程中指示灯要求(　　)。

108. 空气弹簧气囊增强层偏歪用(　　)进行测量。

109. 空气弹簧气囊各层间气泡需要用手锥子(　　)。

110. 空气弹簧气囊成型各层间的气泡可能会造成硫化后的(　　)。

111. 小曲囊空气弹簧气囊钢丝圈偏歪可能会造成在使用过程中的子口部位(　　)。

112. 空气弹簧气囊钢丝圈包布要求(　　)、无气泡、无脱空、无杂质。

113. 空气弹簧气囊对表面漏铜的钢丝圈要补刷胶浆,晾至(　　)溶剂挥发干净。

114. 空气弹簧气囊成型用(　　)压实囊体。

115. 空气弹簧气囊成型用(　　)作为辅助压实工具。

116. 空气弹簧气囊成型盛用汽油必须使用(　　)。

117. 空气弹簧气囊囊坯扎眼针要求无(　　)、无缺针、无斜针。

118. 空气弹簧气囊用钢丝圈搭头要求为100 mm±(　　)mm。

119. 空气弹簧气囊帘布层中起过渡材料分布层作用是(　　)。

120. 空气弹簧气囊腰带钢丝圈胶片接头要求(　　)。

121. 空气弹簧气囊帘布裁断过程中,若发现裁断面锯齿状,要及时(　　)处理。

122. 空气弹簧气囊后成型完毕的钢丝圈通常由(　　)、包布和胶芯组成。

123. 空气弹簧气囊用胶片压延后停放的目的是充分冷却和使胶片收缩(　　)。

124. 空气弹簧气囊腰带有腰带钢丝圈、缠绕帘布和(　　)组成。

125. 空气弹簧气囊成型后,为使挥发分进一步挥发,需进行(　　)。

126. 包好包布的空气弹簧气囊用钢丝圈要在指定位置挂好,并挂上(　　)。

127. 空气弹簧气囊钢丝圈成型时,对表面轻微漏铜的钢丝圈表面要补刷(　　),晾干后方可使用。

128. 空气弹簧气囊成型机设备主传动采用的是性能优异的(　　)传动。

129. 空气弹簧(　　)是一种用于成型各种形状、不同规格轨道或汽车空气弹簧的机器。

130. 为使装置灵活可靠、安全耐用,空气弹簧成型机后压辊座移动由(　　)导轨来完成。

131. 空气弹簧成型机机头下方的下压辊装置,其左、右传动丝杆为(　　)驱动式结构。

132. 空气弹簧成型机的电动机带动(　　)回转,从而带动成型鼓动作。

133. 设备(　　)就是以点检为核心的设备维修管理体系,点检人员是设备维修的责任者和管理者。

134. 润滑“五定”是指对设备润滑要做到(　　)、定质、定量、定期、定人。

135. 设备的维护保养的主要工作有三种:(　　)、保养和维护性修理。

136. 设备检修要把好质量关,采取(　　)、互检和专业检查相结合的办法,并贯彻于施工的始终。

137. 空气弹簧成型机主机结构可以通过调整(　　)行程来控制成型机头的叠合终了位置。

138. 空气弹簧气囊成型机结构中,(　　)是成型过程的轴向压合装置。

139. 空气弹簧气囊囊坯在硫化前需要采用(　　)处理,从而使得挥发分尽快挥发,保证硫化质量。

140. 空气弹簧成型设备的润滑基本上都采用(　　)。

141. 每个空气弹簧成型机和定径机机架分别采用一个单独电机传动的传动方式称为(　　)。

142. 空气弹簧成型设备的一级保养是以(　　)为主,车间维修工人为辅。

143. 空气弹簧成型设备的三级保养主要是指(　　)、一级保养和二级保养。

144. 每隔一定时间对设备进行强制维修属于(　　)。

145. 空气弹簧成型操作人员要进行技术知识和使用维护知识的考试,合格者获(　　)后方可独立操作设备。

146. 正确操作空气弹簧成型设备,可以保持设备的良好技术状态,延长(　　),提高使用效率。

147. 空气弹簧成型设备在每次使用前都应该检查机头的宽度,(　　)以及涨、缩鼓过程是否顺畅。

148. 空气弹簧成型机设备在进行成型操作前应按照工艺文件要求,测量机头(　　)和直径,确保机头的准确性。

149. 空气弹簧成型机设备的(　　)只能左右直线方向离合,保证囊坯外胶与骨架层的贴合压实。

150. 空气弹簧气囊成型中,囊坯成型记录是(　　)记录,记录了囊坯编号、成型班次、时间等。

151. 空气弹簧气囊成型中,(　　)记录中包括了所有半成品的编号。

152. 成型工需要对空气弹簧气囊成型设备进行点检,并填写(　　)。

153. 空气弹簧气囊成型设备点检时,需检查各紧固件有无(　　)。

154. 空气弹簧气囊成型中,(　　)记录是用于记录产量、设备等综合情况的,并为下一个班次做交接。

155. 交接班记录应由(　　)如实填写,接班人核实无误后签字确认。

156. 空气弹簧气囊成型产品合格率是各规格(　　)除以生产数量得到的。

157. 空气弹簧气囊成型产品合格率是在空气弹簧气囊(　　)记录表中记录的。

二、单项选择题

1. 橡胶制品可归纳为五大类:轮胎、胶带、胶管、胶鞋和(　　)。

(A)橡胶工业制品　(B)杯子　(C)汽车反光镜　(D)插头

2. 天然橡胶的主要成分为顺式-1,4-聚异戊二烯,含量在(　　)以上,此外还含有少量的蛋白质、丙酮抽出物、灰分和水分。

(A)70%　(B)50%　(C)90%　(D)95%

3. 天然橡胶的(　　)是橡胶中最好的,是高级橡胶制品重要原料。

(A)延展性　(B)综合性能　(C)外观　(D)耐磨性

4. 橡胶的丙酮抽出物主要成分是(　　)物质。

(A)不饱和脂肪酸和固醇类　(B)不饱和脂肪酸和非固醇类

(C)脂肪酸和亚油酸　(D)脂肪酸和固醇类

5. EPM是乙烯和丙烯的定向聚合物,主链不含双键,不能用硫黄硫化,只能用(　　)硫化。

(A)浓硫酸　(B)亚硝酸　(C)硫酸钠　(D)过氧化物

6. 丁基橡胶(ⅡR)突出的性能是(　　)。

(A)耐磨性能好　(B)耐老化性能好　(C)弹性最好　(D)耐透气性能好

7. 天然橡胶在(　　)以下为玻璃态,高于130 ℃为黏流态,两温度之间为高弹态。

(A)-52 ℃　(B)-62 ℃　(C)-72 ℃　(D)-82 ℃

8. 由天然胶乳经过浓缩、加酸凝固、压成具有菱形花纹的胶片,烟熏制成的是(　　)。

(A)标准胶　(B)烟片胶　(C)丁苯橡胶　(D)顺丁橡胶

9. 生胶温度升高到流动温度时成为黏稠的液体,在溶剂中发生溶胀和溶解,必须经(　　)才具有实际用途。

(A)氧化　(B)硫化　(C)萃取　(D)过滤

10. 胶料在混炼、压延或压出操作中以及在硫化之前的停放期间出现的早期硫化称为(　　)。

(A)硫化　(B)喷硫　(C)焦烧　(D)喷霜

11. 橡胶是一种材料,它在大的变形下能迅速而有力恢复其形变,能够被改性。定义中所指的改性实质上是指(　　)。

(A)硫化　(B)混炼　(C)压出　(D)塑炼

12. 橡胶配方中起补强作用的是(　　)。

(A)硫黄　(B)炭黑　(C)芳烃油　(D)促进剂

13. 配合剂均匀地(　　)于橡胶中是取得性能优良、质地均匀制品的关键。

(A)集中　(B)分散　(C)提升　(D)下降

14. 白炭黑的(　　)会引起焦烧时间缩短及正硫化时间缩短。

(A)含水率大　(B)含水率低　(C)杂质多　(D)灰分多

15. N220代表一个(　　)的代号。

(A)生胶　(B)炭黑　(C)促进剂　(D)增黏剂

16. 配合剂,如硫化、TMTD、硬脂酸、石蜡、防老剂等从胶料中迁出表面的现象称为(　　)。

(A)焦烧　(B)喷霜　(C)硫化　(D)老化

17. 可以延长胶料的焦烧时间但不减缓胶料的硫化速度的是(　　)。

(A)硫黄　(B)炭黑　(C)防焦剂　(D)促进剂

18. 橡胶的加工的基本工艺过程为：塑炼、混炼、压延、压出、(　　)和硫化。

(A)塑化　(B)成型　(C)打磨　(D)锻压

19. 开炼机塑炼时，两个辊筒以一定的(　　)相对回转。

(A) 速度　(B)速比　(C)温度　(D)压力

20. 密炼机塑炼的操作顺序为(　　)。

(A)称量、排胶、翻炼、压片、塑炼、投料、冷却下片、存放

(B)称量、翻炼、塑炼、投料、压片、排胶、冷却下片、存放

(C)称量、投料、压片、翻炼、塑炼、排胶、冷却下片、存放

(D)称量、投料、塑炼、排胶、翻炼、压片、冷却下片、存放

21. 若胶料的可塑度(　　)，混炼时配合剂不易混入，混炼时间会加长，压出半成品表面不光滑。

(A)过高　(B)过低　(C)不均匀　(D)过快

22. 存放胶料垛放整齐，不粘垛。终炼胶垛放温度不超过(　　)。

(A)80 ℃　(B)60 ℃　(C)105 ℃　(D)40 ℃

23. 在混炼过程中，橡胶大分子会与活性填料(如炭黑粒子)的表面产生化学和物理的牢固结合，使一部分橡胶结合在炭黑粒子的表面，成为不能溶解于有机溶剂的橡胶，叫(　　)。

(A)结合橡胶　(B)炭黑体　(C)混炼胶　(D)硫化胶

24. 橡胶硫化大都是加热加压条件下完成的。加热胶料需要一种能传递热能的物质，称为(　　)。

(A)硫化剂　(B)硫化促进剂　(C)硫化活性剂　(D)硫化介质

25. 对大部分橡胶胶料，硫化温度每增加温度 10 ℃，硫化时间缩短(　　)。

(A)1/2　(B)1/3　(C)1/4　(D)1/5

26. 橡胶是热的不良导体，它的表面与内层温差随断面增厚而加大。当制品的厚度大于(　　)时，就必须考虑热传导、热容、模型的断面形状、热交换系统及胶料硫化特性和制品厚度对硫化的影响。

(A)1 mm　(B)1.5 mm　(C)6 mm　(D)10 mm

27. 作为构成硫化反应条件主要因素的(　　)，它们对硫化质量有决定性影响，通常称为硫化“三要素”。

(A)压延、压力和压出　(B)温度、压力和压出

(C)温度、压力和时间　(D)温度、合模力和时间

28. 炭黑的基本结构单元是(　　)。

(A)炭黑聚集体　(B)碳原子　(C)微晶　(D)层面

29. 压延工艺是以(　　)过程为中心的联动流水作业形式。

(A)成型　(B)硫化　(C)压延　(D)挤出

30. 压延时胶料会发生塑性流动变形，在长度方向上表现为长度(　　)。

(A)延长　(B)缩短　(C)不变　(D)不确定

31. 压延时，在最小辊距的(　　)处胶料流动快，从而在辊筒上形成速度梯度，产生剪切，使胶料产生塑性变形。

(A)两边　(B)偏左　(C)偏右　(D)中央

32. 压延后辊筒挤压力消失,分子链要恢复卷取状态,所以胶片会沿压延方向(　　)。

(A)伸长　(B)收缩　(C)不变　(D)不确定

33. 热炼的作用在于恢复(　　)和流动性,使胶料进一步均化。

(A)热塑性　(B)内应力　(C)硬度　(D)弹性

34. 以下四种橡胶中,耐热老化性最好的是(　　)。

(A)天然橡胶　(B)丁苯橡胶　(C)顺丁橡胶　(D)氯丁橡胶

35. 防焦剂的作用是(　　)。

(A)促进硫化　(B)增加焦烧时间　(C)缩短焦烧时间　(D)加快硫化速度

36. 以下四种橡胶中,储存稳定性最差的是(　　)。

(A)天然橡胶　(B)丁苯橡胶　(C)氯丁橡胶　(D)顺丁橡胶

37. 橡胶配方中硫化体系不包括下面的(　　)。

(A)硫化剂　(B)脱模剂　(C)促进剂　(D)活化剂

38. 橡胶按照形态分类,不包括下面的(　　)。

(A)固体橡胶　(B)液体橡胶　(C)粉末橡胶　(D)再生橡胶

39. 下列胶种中,(　　)是通用合成胶。

(A)天然橡胶　(B)丁苯橡胶　(C)氟橡胶　(D)氯醇橡胶

40. 下列橡胶中具有相同结构单元的是(　　)。

(A)顺丁橡胶　(B)天然橡胶　(C)氯丁橡胶　(D)异戊橡胶

41. 橡胶制品在储存和使用一段时间以后,就会变硬、龟裂或发黏,以至不能使用,这种现象称之为(　　)。

(A)焦烧　(B)喷霜　(C)硫化　(D)老化

42. 橡胶配方中防老剂的作用是(　　)。

(A)提高强度　(B)提高硬度　(C)减缓老化　(D)增加可塑度

43. 制品中的硫黄由内部迁移至表面的现象称(　　),它是硫黄在胶料中形成过饱和状态或不相容所致。

(A)硫化　(B)喷硫　(C)焦烧　(D)喷霜

44. 可以延长胶料的焦烧时间,不减缓胶料的硫化速度的是(　　)。

(A)硫黄　(B)碳黑　(C)防焦剂　(D)促进剂

45. 一般天然橡胶中含有橡胶烃(　　)。

(A)92%~95%　(B)8%　(C)5%　(D)5%~8%

46. 下列橡胶属于特种橡胶的是(　　)。

(A)丁苯橡胶　(B)氟橡胶　(C)丁腈橡胶　(D)天然橡胶

47. 通用橡胶中气密性最好的橡胶是(　　)。

(A)丁苯橡胶　(B)天然橡胶　(C)丁基橡胶　(D)顺丁橡胶

48. 适用于减振橡胶制品,综合性能最好的橡胶是(　　)。

(A)天然橡胶　(B)丁苯橡胶　(C)顺丁橡胶　(D)氯丁橡胶

49. 在开炼混炼中,胶片厚度约 1/3 处的紧贴前辊筒表面的胶层,称为(　　)。

(A)结合橡胶　(B)死层　(C)包容胶　(D)熟胶

50. 密炼机混炼的三个阶段不包含(　　)。

(A)润湿　　(B)分散　　(C)捏炼　　(D)翻炼

51. 一般情况下,混炼胶的补充加工不包括(　　)。

(A)冷却　　(B)停放　　(C)快检　　(D)滤胶

52. 使胶料柔软获得热塑炼,同时也可使胶料均匀的工艺过程称(　　)。

(A)塑炼　　(B)密炼　　(C)混炼　　(D)热炼

53. 为保证混炼质量,硬脂酸和氧化锌的合理加入顺序是(　　)。

(A)先加硬脂酸,后加氧化锌

(B)先加氧化锌,后加硬脂酸

(C)两者同时加

(D)先加一半硬脂酸,再加氧化锌,最后加剩余的一半氧化锌

54. 将各种配合剂混入具有一定塑性的生胶中制成质量均匀的混炼胶的过程称(　　)。

(A)塑炼　　(B)混炼　　(C)热炼　　(D)分散

55. 评估塑炼胶质量的手段之一是进行测试(　　)。

(A)门尼黏度　　(B)密度　　(C)拉伸强度　　(D)硬度

56. 下列开炼机塑炼的影响因素中,塑炼效果好的是(　　)。

(A)辊温低　　(B)辊温高　　(C)辊距大　　(D)辊筒转速慢

57. 在下列橡胶中需要塑炼的是(　　)。

(A)烟片胶　　(B)颗粒胶　　(C)丁苯橡胶　　(D)三元乙丙橡胶

58. 合理的炼胶容量是指根据胶料全部包前辊后,并在两辊距之间存在一定数量的(　　)来确定。

(A)堆积胶　　(B)速度梯度　　(C)剪切力　　(D)线速度

59. 连续混炼不能普及的原因是(　　)。

(A)占地面积大　　(B)称量和加料系统相当复杂

(C)外形像挤出机　　(D)设备投资大

60. 空气弹簧气囊成型用的小卷帘布,垫布的头和尾要分别留有(　　)左右的垫布。

(A)3 m　　(B)2.5 m　　(C)2 m　　(D)1.5 m

61. 空气弹簧气囊成型质量标准中,大头小尾应小于(　　)。

(A)3 mm　　(B)4 mm　　(C)5 mm　　(D)6 mm

62. 空气弹簧气囊成型过程中,对存放期内喷霜的胶帘布(　　)使用并报相关人员处理。

(A)禁止　　(B)可以　　(C)让步　　(D)操作人员自己决定

63. 空气弹簧气囊成型质量标准中,接头出角应小于(　　)。

(A)3 mm　　(B)4 mm　　(C)5 mm　　(D)6 mm

64. 空气弹簧气囊成型过程中,对活褶子需要用(　　)进行处理。

(A)水　　(B)胶浆　　(C)汽油　　(D)手工拉伸

65. 空气弹簧气囊成型用胶帘布表面不允许有劈缝、露白、弯曲和褶子等质量缺陷,但允许有轻微劈缝,其间距不大于(　　)帘线。

(A)1 根　　(B)2 根　　(C)3 根　　(D)4 根

66. 空气弹簧气囊成型过程中,帘布宽度测量通常所使用的工具是(　　)。

(A)螺旋测微器　　(B)测厚仪　　(C)卷尺　　(D)游标卡尺

67. 空气弹簧气囊成型机头宽度公差为±(　　)。

(A)2 mm　　(B)3 mm　　(C)1 mm　　(D)5 mm

68. 空气弹簧气囊扣钢丝圈之前要先将帘布筒进行(　　),使其紧贴鼓面不得翘起。

(A)反包　　(B)正包　　(C)扣钢圈　　(D)测量

69. 空气弹簧囊气囊在成型机头上贴合帘布筒时,帘布角度要(　　)排列。

(A)交叉　　(B)平行　　(C)成 30°角　　(D)成 45°角

70. 差级 5～30 mm 的空气弹簧气囊帘布贴合单层偏歪值≤(　　)。

(A)7 mm　　(B)8 mm　　(C)9 mm　　(D)6 mm

71. 空气弹簧气囊帘布筒长度公差为(　　)。

(A)+5 mm,−10 mm　　(B)±5 mm

(C)±15 mm　　(D)±20 mm

72. 空气弹簧气囊成型第一层与密封胶贴合的帘布层接头压线允许(　　)。

(A)1～7 根　　(B)3～8 根　　(C)1～5 根　　(D)6 根以上

73. 空气弹簧气囊成型用的汽油为(　　)。

(A)93＃　　(B)97＃　　(C)100＃　　(D)120＃

74. 空气弹簧气囊胶片贴合不允许有折子,偏歪值不大于(　　)。

(A)4 mm　　(B)3 mm　　(C)5 mm　　(D)2 mm

75. 轨道空气弹簧气囊内胶接头宽度为(　　)。

(A)1～7 mm　　(B)3～8 mm　　(C)5～7 mm　　(D)6 mm 以上

76. 成型过程中,把预先由两层及两层以上的帘布贴合成帘布筒套在成型机头上的成型方法称为(　　)。

(A)套筒法　　(B)层贴法　　(C)一般成型法　　(D)分层成型法

77. 空气弹簧气囊囊坯穿刺锥子的规格为直径(　　)mm。

(A)0.5　　(B)1.5　　(C)2.5　　(D)3.5

78. 空气弹簧气囊帘布裁断大头小尾应小于(　　)。

(A)6 mm　　(B)8 mm　　(C)4 mm　　(D)5 mm

79. 空气弹簧气囊帘布裁断接头出角应小于(　　)。

(A)6 mm　　(B)3 mm　　(C)4 mm　　(D)5 mm

80. 空气弹簧气囊帘布裁断帘布层接头压线应为(　　)。

(A)1 根　　(B)2 根　　(C)3 根　　(D)1～3 根

81. 空气弹簧气囊帘布裁断裁好的胶帘布要卷齐、卷紧,两边(　　)露胶帘布。

(A)不允许　　(B)允许　　(C)必须　　(D)以上说法都不对

82. 空气弹簧气囊帘布表面质量情况的测量方法为(　　)。

(A)放大镜　　(B)显微镜　　(C)目测　　(D)数字分析仪

83. 空气弹簧气囊成型操作过程中要随时目测胶帘布的(　　),不合格的不能使用。

(A)表面质量　　(B)角度　　(C)宽度　　(D)厚度

84. 大曲囊空气弹簧气囊成型用(　　)压实囊体。

(A)后压辊　　(B)下压辊　　(C)前压辊　　(D)扣圈盘

85. 空气弹簧气囊裁断过程中,若帘布裁断面出现锯齿状,则需(　　)处理。
(A)测量角度　(B)减缓进布速度　(C)磨刀　(D)润滑设备
86. 空气弹簧气囊腰带有腰带钢丝圈、缠绕帘布和(　　)组成。
(A)增强层　(B)胶芯　(C)胶片　(D)以上都不对
87. 空气弹簧气囊成型后,为使挥发分进一步挥发,需进行(　　)。
(A)压实　(B)烘坯
(C)超过一周的存放　(D)加热
88. 以下不属于空气弹簧气囊钢丝圈自检要求的是(　　)。
(A)无变形　(B)无杂物　(C)无自硫胶痘　(D)钢丝直径合格
89. 以下不属于空气弹簧三角胶芯自检要求的是(　　)。
(A)胶芯硬度合格　(B)无杂物　(C)无自硫胶痘　(D)对接
90. 空气弹簧气囊成型工艺是以(　　)为主体的综合工艺。
(A)成型操作　(B)钢丝圈成型　(C)反包　(D)正包
91. 空气弹簧气囊中起骨架作用的是(　　)。
(A)外胶　(B)内胶　(C)帘布层　(D)护胶
92. 空气弹簧气囊中对气囊的最终爆破压力起主要作用的是(　　)。
(A)外胶　(B)内胶　(C)帘布层　(D)护胶
93. 空气弹簧气囊中对气囊的最终刚度起主要作用的是(　　)。
(A)外胶　(B)内胶　(C)帘布层　(D)护胶
94. 能预防空气弹簧气囊气泡的成型措施有(　　)。
(A)刺孔　(B)不用汽油　(C)不用胶油　(D)胶油替代汽油
95. 国标中帘线的密度是指长度(　　)中帘线的根数。
(A)100 cm　(B)10 cm　(C)1 000 cm　(D)1 cm
96. 帘布 930dtex/2 中,"930"指的是(　　)。
(A)直径　(B)材料代号　(C)密度　(D)重量
97. 帘布 930dtex/2 中,"2"指的是(　　)。
(A)直径　(B)材料代号　(C)密度　(D)单根帘线的股数
98. 空气弹簧气囊成型外胶要求厚度(　　),准确。
(A)均匀　(B)厚　(C)薄　(D)适中
99. 以下环境温度属于合适的空气弹簧气囊成型温度的是(　　)。
(A)20 ℃　(B)16 ℃　(C)15 ℃　(D)14 ℃
100. 以下空气弹簧气囊用钢丝圈周长公差正确的有(　　)。
(A)1 mm　(B)3 mm　(C)4 mm　(D)5 mm
101. 以下空气弹簧气囊用帘布裁断大头小尾合格的有(　　)。
(A)8 mm　(B)5 mm　(C)1 mm　(D)7 mm
102. 以下空气弹簧气囊帘布裁断接头出角合格的有(　　)。
(A)8 mm　(B)5 mm　(C)1 mm　(D)7 mm
103. 空气弹簧气囊钢丝圈对应扣圈盘的直径公差为±(　　)。
(A)0.5 mm　(B)1 mm　(C)3 mm　(D)2 mm

104. 空气弹簧气囊成型,内胶宽度小于 50 mm 的,其宽度公差为±(　　)。
(A)5 mm　　(B)3 mm　　(C)4 mm　　(D)7 mm
105. 空气弹簧气囊成型,内胶宽度大于 50mm 的,其宽度公差正确的有(　　)。
(A)+5 mm　　(B)±3 mm　　(C)+10,−3 mm　　(D)+7 mm
106. 空气弹簧气囊胶帘布裁断角度公差为±(　　)。
(A)0.5°　　(B)1°　　(C)2°　　(D)3°
107. 空气弹簧气囊外胶裁断后停放的过程中长度会(　　)。
(A)变长　　(B)变短　　(C)不变　　(D)以上说法都不对
108. 空气弹簧气囊外胶裁断后停放的过程中宽度会(　　)。
(A)变大　　(B)变小　　(C)不变　　(D)以上说法都不对
109. 若空气弹簧气囊帘布层与层之间的差级为 15 mm,则差级的公差要求为±(　　)。
(A)5 mm　　(B)10 mm　　(C)3 mm　　(D)6 mm
110. 以下空气弹簧气囊囊坯质量缺陷允许修理的有(　　)。
(A)外胶折子　　(B)钢丝圈硬弯　　(C)帘线割断　　(D)帘布层死折子
111. 以下空气弹簧气囊囊坯质量缺陷不允许修理的有(　　)。
(A)外胶折子　　(B)内胶折子　　(C)帘线割断　　(D)帘布层间气泡
112. 以下空气弹簧气囊成型质量缺陷不可以直接目测测量的有(　　)。
(A)外胶折子　　(B)内胶折子　　(C)帘线割断　　(D)增强层偏歪值
113. 以下空气弹簧气囊成型质量缺陷可以直接目测测量的有(　　)。
(A)气泡　　(B)帘布筒反包偏歪值
(C)钢丝圈偏歪值　　(D)增强层偏歪值
114. 空气弹簧气囊用帘布的幅宽标准为采购帘布标识上数值±(　　)。
(A)20 mm　　(B)2 mm　　(C)5 mm　　(D)50 mm
115. 以下压延后的空气弹簧气囊用胶帘布存放要求错误的是(　　)。
(A)要存放在架子上　　(B)直接堆放在地上
(C)存放区保持干燥　　(D)周围环境保持清洁
116. 以下有关空气弹簧气囊成型用胶帘布质量的要求,正确的有(　　)。
(A)超过有效期的胶帘布,只要表面状态完好,可以正常使用
(B)成卷的胶帘布可以直接堆放在地上
(C)不能长期直接裸露在空气中
(D)当成卷帘布放在架子上时,对地面等周围环境无要求
117. 空气弹簧气囊胶帘布劈缝宽度不超过(　　)帘线的宽度可以正常使用。
(A)3 根　　(B)4 根　　(C)2 根　　(D)1 根
118. 若空气弹簧气囊用帘布合格证上幅宽为 1 450 mm,则胶帘布幅宽合格的是(　　)。
(A)1 440 mm　　(B)1 475 mm　　(C)1 480 mm　　(D)1 490 mm
119. 空气弹簧气囊成型过程中指示灯要求(　　)清晰。
(A)无辐射　　(B)齐全　　(C)黑光　　(D)以上说法都不对
120. 空气弹簧气囊帘布表面不允许有(　　)。
(A)杂物　　(B)胶　　(C)轻微劈缝　　(D)以上说法都不对

121. 以下空气弹簧气囊帘布贴合说法错误的有(　　)。
(A)要层层压实　(B)气泡要扎尽　(C)折子要展平　(D)以上说法都不对
122. 以下措施不可以减少硫化后空气弹簧气囊气泡发生几率的有(　　)。
(A)要层层压实　(B)气泡要扎尽　(C)折子要展平　(D)以上说法都不对
123. 以下有关空气弹簧气囊护胶成型的质量表述不正确的有(　　)。
(A)要层层压实　(B)气泡要扎尽
(C)存放时间越长越好　(D)折子要展平
124. 以下有关空气弹簧气囊囊坯的"四正"表述错误的是(　　)。
(A)帘布筒正　(B)钢丝圈正　(C)机头正　(D)覆盖胶正
125. 以下空气弹簧气囊操作成型机主轴不需要插入尾座中的是(　　)。
(A)大曲囊小子口反包　(B)大曲囊大子口反包
(C)帘布压合　(D)胶片压合正
126. 空气弹簧气囊成型过程中,以下护胶接头宽度不允许的是(　　)。
(A)1 mm　(B)2 mm　(C)3 mm　(D)4 mm
127. 依据设备的润滑形式,润滑油分为动压润滑和(　　)润滑。
(A)摩擦　(B)静压　(C)阻力　(D)黏合
128. 设备(　　)点检的目的是保证设备达到规定的性能和精度。
(A)日常　(B)计划　(C)定期　(D)精密
129. 设备用滚动轴承当工作温度低于密封脂的滴点,速度较高时,应采用(　　)密封。
(A)迷宫式　(B)间隙　(C)皮碗式　(D)毡圈式
130. 空气弹簧气囊成型设备中,链条的传动功率随链接的节距增大而(　　)。
(A)减小　(B)不变　(C)增大　(D)不确定
131. 空气弹簧用设备中有采用 V 带传动的,V 带的截面是(　　)。
(A)矩形　(B)梯形　(C)圆形　(D)三角形
132. 在开式齿轮传动中,齿轮一般都是外露的,支撑系统刚性较差,若齿轮润滑不良,保养不妥时易使齿轮(　　)。
(A)折断　(B)磨损　(C)胶合　(D)裂纹
133. 要将螺旋运动转变成平稳又能产生很大轴向力的直线运动可采用(　　)传动。
(A)齿轮　(B)蜗杆　(C)螺旋　(D)铰链
134. 齿轮传动中,渐开线齿轮的齿廓曲线形状取决于(　　)。
(A)分度圆　(B)齿顶圆　(C)齿根圆　(D)基圆
135. 在一般机械传动中,若需要带传动时,应优先选用(　　)传动。
(A)圆形带　(B)同步带　(C)V 形带　(D)平型带
136. 在下列机械传动中,(　　)传动具有精确的传动比。
(A)皮带　(B)链条　(C)齿轮　(D)液压
137. 齿轮传动中,齿轮渐开线上任意一点的法线必与基圆(　　)。
(A)相离　(B)相切　(C)垂直　(D)斜交
138. 齿轮传动中,齿轮渐开线上各点的压力角不相等,基圆上压力角(　　)零。
(A)大于　(B)等于　(C)小于　(D)不等于

139. 齿轮传动中,齿轮渐开线的形状取决于基圆的大小。基圆越小,渐开线越(　　)。
(A)平直　(B)倾斜　(C)弯曲　(D)不确定
140. 对于模数相同的齿轮,若齿数越多,齿轮的几何尺寸(　　)。
(A)越大　(B)越小　(C)不变　(D)不确定
141. 标准斜齿圆柱齿轮的基本参数均以(　　)为标准。
(A)端面　(B)法面　(C)径向平面　(D)齿顶圆切面
142. 蜗杆传动中,蜗杆和蜗轮的轴线一般在空间交错成(　　)。
(A)45°　(B)60°　(C)90°　(D)30°
143. 带传动是依靠(　　)来传递运动和动力的。
(A)主轴的动力　(B)主动轮的转矩
(C)带与带轮间的摩擦力　(D)从动轮的转矩
144. 传动组成中所用到的轴承是用来支承(　　)的。
(A)轴身　(B)轴头　(C)轴颈　(D)轴槽
145. 选取 V 带型号,主要取决于(　　)。
(A)带传动的功率和小带轮转速　(B)带的线速度
(C)带的紧边拉力　(D)载荷
146. 下列传动中,平均传动比和瞬时传动比均不稳定的是(　　)。
(A)带传动　(B)链传动　(C)齿轮传动　(D)蜗轮蜗杆传动
147. 用张紧轮张紧 V 带,最理想的是在靠近(　　)张紧。
(A)小带轮松边由外向内　(B)小带轮松边由内向外
(C)大带轮松边由外向内　(D)大带轮松边由内向外
148. 带在工作时受到交变应力的作用,最大应力发生在(　　)。
(A)带进入小带轮处　(B)带离开小带轮处
(C)带进入大带轮处　(D)带离开大带轮处
149. 普通 V 带轮的槽楔角随带轮直径的减小而(　　)。
(A)增大　(B)减小　(C)不变　(D)不确定
150. 关于空气弹簧气囊成型记录,以下说法不正确的是(　　)。
(A)记录的填写必须清晰,准确　(B)无特殊情况,可不填写记录
(C)记录的填写必须齐全　(D)记录的填写必须真实
151. 关于空气弹簧气囊囊坯成型记录,下面说法正确的是(　　)。
(A)必须填写成型时间和班次　(B)囊坯编号范围是每天成型囊坯的总数
(C)检查结果只能由自检人员填写　(D)帘布编号为每批次帘布的进货号
152. 空气弹簧气囊成型设备点检记录表中关于设备负责人与设备点检人员,说法正确的是(　　)。
(A)必须是同一人　(B)可以不为同一人
(C)设备点检人员不能是成型操作人员　(D)以上皆错
153. 空气弹簧气囊成型设备点检时,需检查压缩空气压力在(　　)MPa 范围内。
(A)0.3～0.6　(B)1.0～1.5　(C)0.01～0.05　(D)以上皆错
154. 空气弹簧气囊成型交接班记录中对于产量的记录是通过计划数量和(　　)来记

录的。

(A)生产数量　(B)入库数量　(C)每天总产量　(D)以上皆错

155. 空气弹簧气囊成型每天产量通过(　　)来记录并计算。

(A)交接班记录　(B)成型质量记录　(C)囊坯检查记录　(D)以上皆错

156. 每张空气弹簧气囊囊坯内外质量记录表中,成型合格率均为(　　)。

(A)某班某一规格　(B)某天某一规格

(C)某天所有规格　(D)某班所有规格

三、多项选择题

1. 密炼机混炼的影响因素有(　　)、混炼温度、混炼时间等,还有设备本身的结构因素,主要是转子的几何构型。

(A)装胶容量　(B)加料顺序　(C)上顶拴压力　(D)转子转速

2. 炭黑的混炼过程包括(　　)。

(A)结块阶段　(B)分散阶段　(C)湿润阶段　(D)过炼阶段

3. 常用的硫化介质有(　　)、氮气及其他固体介质等。

(A)饱和蒸汽　(B)过热蒸汽　(C)过热水　(D) 热空气

4. 下列属于烘胶操作目的的是(　　)。

(A)清除结晶　(B)杂质容易清除　(C)减少加工时间　(D)减低能耗

5. 比较理想的促进剂,应具备的条件是(　　)。

(A)焦烧时间长,操作安全　(B)硫化平坦性好

(C)以固体形态存在于常温中　(D)热硫化速度快,硫化温度低

6. 氧化锌和硬脂酸在硫黄硫化体系中组成了活化体系,其功能有(　　)。

(A)活化整个硫化体系　(B)提高硫化胶的交联密度

(C)提高硫化胶的耐热老化性能　(D)具有防焦剂的功能

7. 一般说来,硫化胶的性能取决于橡胶本身的(　　)。

(A)结构　(B)弹性　(C)交联键的类型　(D)交联密度

8. 补强剂能使橡胶的(　　)同时获得明显的提高。

(A)拉伸强度　(B)撕裂强度　(C)耐磨耗性　(D)硫化速度

9. 填充剂可起到(　　),改善加工性能的作用。

(A)增大体积　(B)防焦烧　(C)降低成本　(D)提高硫化速度

10. 常用的填充剂有(　　)。

(A)陶土　(B)硫黄　(C)天然胶　(D)碳酸钙

11. 炭黑按作用分类有(　　)两种。

(A)硬质炭黑　(B)软质炭黑　(C)炉法炭黑　(D)新工艺炭黑

12. 以下因素对胶料压出膨胀的影响因素有炭黑的(　　)。

(A)结构　(B)用量　(C)比表面积　(D)表面活性

13. 填料粒径对橡胶的(　　)都有决定性作用。

(A)拉伸强度　(B)撕裂强度　(C)耐磨性　(D)交联程度

14. 影响橡胶老化的因素有(　　)。

(A)本身分子结构　(B)物理因素　(C)化学因素　(D)生物因素

15. 防止橡胶老化的物理防护法有(　　)。

(A)加胺类防老剂　(B)加酚类防老剂　(C)表面镀层　(D)加石蜡

16. 减小压延效应的措施有(　　)。

(A)适当提高压延温度　(B)适当减慢压延速度

(C)适当减小胶料的可塑度　(D)适当提高半成品存放温度

17. 开炼机热炼一般分三步完成,为(　　)。

(A)混炼　(B)粗炼　(C)细炼　(D)供胶

18. 粗炼一般采用低温薄通方法,即以(　　)对胶料进行加工,主要使胶料补充混炼均匀,并可适当提高其可塑性。

(A)高辊温　(B)低辊温　(C)小辊距　(D)大辊距

19. 一般说来,影响硫化压力选取的因素有(　　)。

(A)产品类型　(B)产品配方　(C)可塑性　(D)骨架材料

20. 橡胶制品硫化一般需要施加压力,其目的是(　　)。

(A)防止胶料气泡的产生,提高胶料的致密性

(B)使胶料流动,充满模型

(C)提高附着力

(D)改善硫化胶物理性能

21. 下列橡胶中属于自补强橡胶的是(　　)。

(A)天然橡胶　(B)丁苯橡胶　(C)顺丁橡胶　(D)氯丁橡胶

22. 下列橡胶中属于饱和橡胶的是(　　)。

(A)三元乙丙橡胶　(B)丁基橡胶　(C)异戊橡胶　(D)顺丁橡胶

23. 下列橡胶中不易冷流的是(　　)。

(A)天然橡胶　(B)丁苯橡胶　(C)顺丁橡胶　(D)丁腈橡胶

24. 下列促进剂既可以做促进剂又可以做硫黄给予体的是(　　)。

(A)TMTD　(B)TMTM　(C)DTDM　(D)OTOS

25. 橡胶是一种(　　)的高分子材料。

(A)大蠕变　(B)高门尼　(C)高弹性　(D)大形变

26. 下列属于防老剂的是(　　)。

(A)RD　(B)4010NA　(C)TMTD　(D)MB

27. 橡胶发生老化的主要因素有(　　)。

(A)热氧老化　(B)光氧老化　(C)臭氧老化　(D)疲劳老化

28. 橡胶配方中促进剂的作用是(　　)。

(A)降低硫化温度　(B)缩短硫化时间

(C)改善硫化胶的物理性能　(D)减少硫黄用量

29. 塑炼过程中会发生分子链断裂,影响分子链断裂的因素是(　　)。

(A)机械力作用　(B)塑解剂作用　(C)温度的作用　(D)以上都不对

30. 混炼过程是通过(　　)两个阶段完成的。

(A)渗透阶段　(B)润湿阶段　(C)分散阶段　(D)打开阶段

31. 为了使混炼胶分散均匀需进行翻炼，方法有(　　)。
(A)左右割刀　(B)打卷　(C)薄通　(D)打三角包
32. 密炼机混炼的工艺方法有(　　)。
(A)一段混炼法　(B)二段混炼法　(C)逆混法　(D)引料法
33. 开炼机塑炼是借助(　　)作用，使分子链被扯断，而获得可塑度的。
(A)辊筒的挤压力　(B)辊筒的撕拉作用
(C)辊筒的剪切力　(D)辊筒的温度
34. 为提高硫黄在硫化过程中的有效性，一般采用的方法是(　　)。
(A)提高促进剂的用量，降低硫黄用量　(B)高硫黄用量、低促进剂用量
(C)采用无硫配合，即硫黄给予体的配合　(D)过氧化物＋硫黄
35. 常用的硫化介质有：(　　)、热水、氮气及其他固体介质等。
(A)饱和蒸汽　(B)过热蒸汽　(C)过热水　(D)热空气
36. 空气弹簧气囊成型用胶帘布种类通常是以(　　)为依据来区分的。
(A)帘线密度　(B)帘线厚度　(C)帘线强度　(D)帘线材质
37. 空气弹簧气囊成型按成型工艺方法分为(　　)。
(A)一段成型法　(B)二段成型法　(C)三段成型法　(D)四段成型法
38. 空气弹簧气囊根据结构形式的不同，分为(　　)。
(A)大曲囊　(B)小曲囊　(C)腰带式　(D)混合式
39. 空气弹簧气囊囊坯要做到"四无"，分别为(　　)。
(A)无折子　(B)无掉胶　(C)无杂物　(D)无断线
40. 空气弹簧气囊囊坯要做到"四正"，分别为(　　)。
(A)覆盖胶正　(B)帘布筒正　(C)钢丝圈正　(D)密封胶正
41. 以下空气弹簧气囊外胶接头宽度正确的是(　　)。
(A)3 mm　(B)4 mm　(C)5 mm　(D)6 mm
42. 以下空气弹簧气囊外观缺陷，可能与成型工序操作有关的有(　　)。
(A)未及时后充　(B)气泡　(C)帘线弯曲　(D)外胶接头不牢
43. 空气弹簧气囊成型过程中"五无"内容的有(　　)。
(A)无气泡　(B)无折子　(C)无杂质　(D)无断线
44. 空气弹簧气囊囊坯存放环境要求(　　)。
(A)清洁　(B)无杂物　(C)干燥　(D)恒温恒湿
45. 就空气弹簧气囊工艺来说，以下情况允许修理的有(　　)。
(A)帘布表面轻微掉胶　(B)帘布贴合过程中的气泡
(C)钢丝圈硬弯　(D)帘线割断
46. 空气弹簧气囊囊坯检查使用的工具有(　　)。
(A)卷尺　(B)显微镜　(C)游标卡尺　(D)螺旋测微器
47. 在空气弹簧气囊用钢丝圈外缠绕钢丝圈包布，要严格按照(　　)执行。
(A)工艺卡片　(B)成品检查卡片　(C)安全操作规程　(D)方便操作
48. 空气弹簧气囊用钢丝圈自检要求有(　　)。
(A)无变形　(B)无脱空　(C)无漏红　(D)无杂质

49. 空气弹簧气囊用胶芯自检要求有(　　)。

(A)无脱开　(B)无翘起　(C)无脱空　(D)可以搭接

50. 空气弹簧气囊用钢丝圈包布的包括方式有(　　)。

(A)包裹　(B)缠绕　(C)先包裹后缠绕　(D)先缠绕后包裹

51. 空气弹簧气囊成型所用胶片外观质量要求有(　　)。

(A)无坑　(B)无疤　(C)无杂物　(D)无折子

52. 空气弹簧气囊裁断胶帘布的控制参数为(　　)。

(A)宽度　(B)长度　(C)角度　(D)表面质量

53. 空气弹簧气囊裁断质量检测的工具有(　　)。

(A)卷尺　(B)测厚仪　(C)游标卡尺　(D)放大镜

54. 空气弹簧气囊刺孔机刺孔前不允许有(　　)。

(A)刺孔针　(B)断针　(C)缺针　(D)斜针

55. 空气弹簧气囊刺孔锥子的要求有(　　)。

(A)圆滑　(B)不得有棱角　(C)材质为橡胶　(D)材质为塑料

56. 小曲囊空气弹簧气囊的基本结构有(　　)。

(A)外胶　(B)内胶　(C)帘布层　(D)钢丝圈

57. 腰带式空气弹簧气囊的基本结构有(　　)。

(A)外胶　(B)内胶　(C)帘布层　(D)钢丝圈

58. 空气弹簧气囊用钢丝圈成型自检要求是(　　)。

(A)钢丝圈无变形　(B)胶料可塑度合格　(C)包布无折子　(D)包布无气泡

59. 空气弹簧气囊用三角胶芯接头的质量要求有(　　)。

(A)对接　(B)无脱开　(C)无气泡　(D)与帘布层无粘连

60. 以下空气弹簧气囊用钢丝圈成型工艺，说法正确的有(　　)。

(A)钢丝圈包布要均匀缠绕于钢丝圈外表面

(B)钢丝圈包布缠绕应避开钢丝圈搭头原有包布部分

(C)表面轻微漏铜的钢丝圈要补刷胶浆处理

(D)钢丝圈表面不允许有杂质

61. 空气弹簧气囊成型的准备工作有(　　)。

(A)检查工具工装是否齐全　(B)检查半成品是否合格

(C)目视质检人员是否到位　(D)检查成型设备是否运行良好

62. 以下空气弹簧气囊成型的注意事项说法正确的有(　　)。

(A)所有的半成品均不得落地　(B)扯帘布时要采用抽线法

(C)要时刻关注质检人员是否到位　(D)使用的汽油为 120 号汽油

63. 空气弹簧气囊成型所用的半成品有(　　)。

(A)混炼胶　(B)母胶　(C)钢丝圈　(D)胶帘布

64. 成型的自检要求有(　　)。

(A)成型部件要层层压实　(B)帘布筒表面做到“七无”

(C)整个囊坯要做到“四无”　(D)整个囊坯要做到“四正”

65. 空气弹簧气囊囊坯穿刺的质量要求有(　　)。

(A)穿刺均匀 (B)不得漏扎
(C)不得穿透内胶 (D)必须穿透内胶
66. 裁断完毕的空气弹簧气囊用胶帘布表面不得有(　　)。
(A)劈缝 (B)罗股 (C)露白 (D)弯曲
67. 空气弹簧气囊用胶帘布裁断卷取垫布的质量要求有(　　)。
(A)不得落地 (B)不得有杂物
(C)不得直接接触胶帘布 (D)不允许有断头
68. 裁断完毕的空气弹簧气囊用胶帘布质量要求有(　　)。
(A)要用垫布卷紧 (B)要用垫布卷齐
(C)垫布两边不允许漏胶帘布 (D)可以不用垫布直接叠放
69. 空气弹簧气囊用钢丝圈切头要求有(　　)。
(A)整齐 (B)无钩弯 (C)平整 (D)不翘起
70. 空气弹簧气囊胶芯外观质量要求有(　　)。
(A)无自硫胶痘 (B)无水 (C)无胶 (D)无气泡
71. 空气弹簧气囊内胶表面质量要求有(　　)。
(A)无自硫胶痘 (B)无水 (C)无胶 (D)无喷霜
72. 以下空气弹簧气囊成型操作成型机主轴需要插入尾座之中的有(　　)。
(A)调整机头宽度 (B)测量机头直径
(C)大子口帘布反包 (D)小子口帘布反包
73. 以下有关空气弹簧气囊成型的操作说法正确的有(　　)。
(A)在机头上贴胶片时,要放正摆平
(B)在机头上贴胶片时,要均匀用力拉扯胶片
(C)大子口帘布反包折子要均匀
(D)小子口帘布反包钢丝圈底部不允许有折子
74. 以下属于空气弹簧气囊囊坯内部质量缺陷的有(　　)。
(A)反包偏歪 (B)差级重叠 (C)帘线割断 (D)钢丝圈硬弯
75. 设备点检按周期可分为(　　)。
(A)日常点检 (B)定期点检 (C)解题检查 (D)精密点检
76. 空气弹簧气囊成型设备所使用的压延机主要由(　　)等构成。
(A)辊筒 (B)调距装置 (C)辅助装置 (D)机架与轴承
77. 空气弹簧成型机组的传动包括(　　)。
(A)集体传动 (B)分隔传动 (C)分组传动 (D)单独传动
78. 空气弹簧成型设备点检的作用包括(　　)。
(A)能早期发现设备的隐患,以便采取有效措施,及时加以消除
(B)可以减少故障重复出现,提高设备开动率
(C)可以对单台设备的运转情况积累资料,便于分析、摸索维修规律
(D)可以提高生产效能和加工生产精度
79. 空气弹簧成型设备润滑的要求是(　　)。
(A)按时、按质按量加油和换油,保持油标醒目

(B)油箱清洁,无铁屑杂质

(C)油泵压力正常,油路畅通,各部位轴承润滑良好

(D)设备防护装置及零件齐全完整

80. 空气弹簧气囊钢丝圈包布机设备通过良好的润滑可以达到(　　)。

(A)保证设备正常运转,防止设备发生事故

(B)减少机件磨损,延长使用寿命

(C)正确合理润滑,节约用油,避免浪费

(D)提高和保持生产效能

81. 空气弹簧成型机设备进行精心维护的作用包括(　　)。

(A)改善技术状态　　(B)延缓劣化进程

(C)消灭隐患于萌芽状态　　(D)保障设备的安全运行

82. 空气弹簧成型设备中导轨的作用有(　　)。

(A)导向　　(B)承力　　(C)负载　　(D)支承

83. 设备中的齿形带出现(　　)迹象时,必须进行更换。

(A)破裂　　(B)黑灰　　(C)磨损　　(D)变形

84. 下列属于导轨形式的是(　　)。

(A)平面导轨　　(B)圆柱形导轨　　(C)燕尾形导轨　　(D)V形导轨

85. 设备中导轨的选择准则是(　　)。

(A)承载能力　　(B)刚性　　(C)速度和加速度　　(D)引导精度

86. 空气弹簧成型设备中轴承的装配和拆卸方法有(　　)。

(A)机械法　　(B)液压法　　(C)压油法　　(D)温差法

87. 空气弹簧成型设备的齿轮传动中,齿侧间隙的大小与(　　)有关。

(A)模数　　(B)中心距　　(C)齿轮刚度　　(D)尺寸精度

88. 空气弹簧气囊囊坯成型记录中,包括(　　)等的半成品编号。

(A)内胶　　(B)外胶　　(C)钢丝圈　　(D)帘布

89. 空气弹簧气囊成型设备点检时,需检查(　　)运行声音是否正常。

(A)轴承　　(B)电机　　(C)减速机　　(D)紧固件

90. 空气弹簧气囊成型设备点检时,需检查(　　)是否泄漏。

(A)接头　　(B)电机　　(C)管路　　(D)压辊

91. 空气弹簧气囊成型产量通过交接班记录中(　　)来计算是否完成计划。

(A)计划数量　　(B)生产数量　　(C)合格产量　　(D)其他

92. 空气弹簧气囊囊坯质量分为(　　)两种情况。

(A)内部质量　　(B)外部质量　　(C)表面质量　　(D)其他

四、判 断 题

1. 天然橡胶大分子的链结构单元是异戊二烯。(　　)

2. 未硫化的橡胶低温下变硬,高温下变软,没有保持形状的能力且力学性能较低。(　　)

3. 丁苯橡胶(SBR)的性能:具有较好的弹性,是通用橡胶中弹性最好的一种橡胶。

(　　)

4. 橡胶的最宝贵的性质是高弹性。但是,这种高弹性又给橡胶的硫化带来了较大的困难。(　　)

5. 一般填料粒径越细、结构度越高、填充量越大、表面活性越高,则混炼胶黏度越低。(　　)

6. 能增加促进剂的活性,减少促进剂用量,缩短硫化时间,并可提高硫化强度的物质叫补强剂。(　　)

7. 在胶料中主要起增容作用,即增加制品体积,降低制品成本的物质称为填充剂。(　　)

8. 天然胶中橡胶大分子的分子量差别很大,赋予天然胶良好的加工性能。(　　)

9. 橡胶制品在储存和使用一段时间以后,就会变硬、龟裂或发黏,以至不能使用,这种现象称之为"硫化"。(　　)

10. 橡胶的加工的基本工艺过程为塑炼、混炼、压延、压出、成型和硫化。(　　)

11. 塑炼过程实质上就是使橡胶的大分子断裂,大分子链由长变短的过程。塑炼的目的就是便于加工制造。(　　)

12. 把各种配合剂和具有塑性的生胶,均匀地混合在一起的工艺过程,称为塑炼。(　　)

13. 结合橡胶的生成有助于炭黑附聚体在混炼过程中发生破碎和分散均匀。(　　)

14. 炭黑性质对混炼过程的影响:粒径越粗的填料混炼越困难,吃料慢,耗能高,生热高,分散越困难。(　　)

15. 当胶料冷却时过量的硫黄会析出胶料表面形成结晶,这种现象称为"焦烧"。(　　)

16. 在一定条件下,对生胶进行机械加工,使之由强韧的弹性状态变为柔软而具有可塑性状态的工艺过程,称为混炼。(　　)

17. 天然橡胶的综合性能是所有橡胶中最好的。(　　)

18. 由于天然橡胶主链结构是极性的,根据极性相似原理它不耐汽油、甲苯等非极性的溶剂。(　　)

19. 烟片胶具有良好的弹性,是通用橡胶中最好的一种橡胶。(　　)

20. 添加了硫黄的混炼胶加热后可制得塑性变形减小的,弹性和拉伸强度等诸性能均优异的制品,该操作称为硫化。(　　)

21. 硫化是橡胶工业生产加工的最后一个工艺过程。在这过程中,橡胶发生了一系列的化学反应,使之变为立体网状的橡胶。(　　)

22. 硫化体系包括硫化剂、硫化促进剂和硫化活性剂。(　　)

23. 在胶料中主要起增容作用,即增加制品体积,降低制品成本的物质称为增黏剂。(　　)

24. 一般天然橡胶成分中含非橡胶烃 8%～92%。(　　)

25. 脂肪酸在硫化时起活性剂作用。(　　)

26. 蜡在混炼时起促进剂作用。(　　)

27. 天然橡胶的弹性较高,在通用橡胶中仅次于顺丁橡胶。(　　)

28. 异戊橡胶压延、压出时收缩率低,黏合性不亚于天然橡胶。(　　)

29. 丁苯橡胶是一种合成橡胶。(　　)

30. 丁苯橡胶的耐磨性优于天然橡胶。(　　)

31. 顺丁橡胶的耐寒性能在通用橡胶中是最好的。(　　)

32. 顺丁橡胶被誉为“无龟裂”橡胶,在通用橡胶中它的耐臭氧性能是最好的。(　　)

33. 乙丙橡胶的耐热老化性能在通用橡胶中是最好的。(　　)

34. 硫化是指橡胶的线型大分子链通过化学交联而构成三维网状结构的化学变化过程。(　　)

35. 从理论上,胶料达到最大交联密度时的硫化状态称为正硫化。(　　)

36. 理想的橡胶硫化曲线硫化平坦期要长。(　　)

37. 丁苯橡胶的抗疲劳寿命性能好于天然橡胶。(　　)

38. 氧化镁可提高胶料的防焦性能,增加胶料贮存安全性和可塑性,在硫化过程中起硫化和促进作用。(　　)

39. 交联的形成和交联密度的增加都会降低滞后损耗,降低橡胶弹性。(　　)

40. 硫化胶网络中如含有一定量多硫交联键时,耐疲劳性能较高。(　　)

41. 使用填料的目的之一是增大容积,降低成本。(　　)

42. 一般填料粒子越粗,结构度越低,则混炼胶黏度越高。(　　)

43. 炭黑粒径对焦烧时间的影响为炭黑粒径越小,焦烧越快。(　　)

44. 在影响橡胶老化的物理因素中,热是最基本而且是最重要的因素。(　　)

45. 压延过程是胶料在压延机辊筒的挤压力作用下发生硫化的过程。(　　)

46. 细炼主要是使胶料补充混炼均匀,并可适当提高其可塑性。(　　)

47. 正硫化时间是一个范围,而不是一个点。(　　)

48. 高压硫化不仅能清除气泡,还可以提高硫化胶的致密性。(　　)

49. 在一定的范围内,硫化温度高,硫化速度快,生产效率高。(　　)

50. 硫化温度是硫化反应的最基本条件。(　　)

51. 混炼胶的质量检验是控制和提高混炼胶质量的手段,是橡胶制品生产中的重要一环。(　　)

52. 任何橡胶材料如果不经过加入各种配合剂,都不可能直接制成具有真正使用意义的产品。(　　)

53. 天然橡胶比合成橡胶容易塑炼,但也容易产生过炼。(　　)

54. 返原是指胶料达到正硫化后再继续硫化,交联键裂解,交联密度下降,使胶料性能下降的现象。(　　)

55. 橡胶制品在储存和使用一段时间以后,就会变硬、龟裂或发黏,以至不能使用,这种现象称之为硫化。(　　)

56. 基本配方——以质量份来表示的配方,即以生胶的质量为100份,其他配合剂用量都以相应的质量份数表示。(　　)

57. 在天然橡胶配方中适当增加氧化锌的用量可以提高胶料的耐热性。(　　)

58. 塑炼过程中分子量下降,弹性下降,物理机械性能也下降。(　　)

59. 压延后的空气弹簧气囊帘布可以直接成型使用,不必停放。(　　)

60. 空气弹簧气囊成型过程中胶帘布常用的接缝方法有对接和搭接。(　　)

61. 空气弹簧气囊成型用小卷胶帘布的垫布不允许有断头。(　　)

62. 空气弹簧气囊成型过程中，没有必要按压延的先后顺序上大卷胶帘布。(　　)

63. 空气弹簧气囊成型过程中，刷汽油要先轻后重，涂刷均匀，不要太多。(　　)

64. 空气弹簧气囊成型过程中，在机头上贴子口部位增强层帘布时，角度要与囊体帘布平行排列。(　　)

65. 空气弹簧气囊成型过程中，子口加贴增强层帘布的，钢丝圈必须在上完增强层后才允许脱离鼓肩。(　　)

66. 空气弹簧气囊成型过程中，帘布贴合差级在 30 mm 以上，偏歪值公差要求为±1 mm。(　　)

67. 空气弹簧气囊成型过程中，每步工序都必须戴橡胶手套操作。(　　)

68. 空气弹簧气囊成型过程中，帘布接头为对接。(　　)

69. 空气弹簧气囊成型帘布接头出角不大于 3 mm。(　　)

70. 空气弹簧气囊成型帘布接头允许重合。(　　)

71. 空气弹簧气囊成型子口护胶接头为 2～4 mm。(　　)

72. 空气弹簧气囊胶片贴合不允许有折子。(　　)

73. 空气弹簧成型所用的汽油为 97＃汽油。(　　)

74. 空气弹簧气囊成型前检查使用的各种半成品部件规格是否符合工艺卡片要求。(　　)

75. 空气弹簧气囊成型过程中，10 根以下的断线不会导致胎体强度下降，对轮胎的使用寿命无影响。(　　)

76. 在空气弹簧气囊的成型过程中，帘布筒的折子必须启平，否则容易在硫化过程中出现气泡。(　　)

77. 空气弹簧气囊帘布层是囊体的骨架，具有耐热、耐冲击和抗割裂性。(　　)

78. 空气弹簧气囊帘布反包打折时可以不停机处理。(　　)

79. 空气弹簧气囊囊坯存放的周围环境要保持清洁，无杂物、灰尘。(　　)

80. 空气弹簧气囊所有的帘线割断均不能进行修理。(　　)

81. 空气弹簧气囊成型过程中所有的脱空均可进行修理。(　　)

82. 空气弹簧气囊囊坯表面胶片的卷边允许修理，但不能扒坏帘线。(　　)

83. 空气弹簧气囊成型用胶布外观检验时发现有缺陷不允许修补。(　　)

84. 空气弹簧气囊成型反包折子的大小和均匀度与产品质量无关。(　　)

85. 空气弹簧气囊裁断的角度公差一般控制在±5°。(　　)

86. 空气弹簧气囊用胶片黏力越高越好。(　　)

87. 空气弹簧气囊成型过程中发现气泡必须及时扎破并修整。(　　)

88. 空气弹簧气囊成型机头的周长测量需要使用游标卡尺。(　　)

89. 空气弹簧气囊成型工序可以使用柴油对帘布表面进行清理。(　　)

90. 空气弹簧气囊成型机头宽度公差不用控制。(　　)

91. 空气弹簧气囊成型完毕的囊坯必须加注流转信息。(　　)

92. 空气弹簧气囊每班成型开始前都要检查成型机头参数是否符合工艺文件要求。(　　)

93. 空气弹簧气囊成型没必要层层压实，这样会降低生产效率。(　　)

94. 空气弹簧气囊成型反包偏歪值有一定的控制范围。(　　)

95. 空气弹簧气囊成型差级不允许重叠。(　　)

96. 空气弹簧气囊成型差级必须在一定的范围内,不能过大或过小。(　　)

97. 空气弹簧气囊帘布接头脱开,只需稍微用力将帘线拉伸后重新接合即可。(　　)

98. 空气弹簧气囊成型帘布接头不允许脱开。(　　)

99. 空气弹簧气囊成型各层间不允许存在气泡。(　　)

100. 空气弹簧气囊成型各层间的气泡必须扎破。(　　)

101. 由于空气弹簧气囊成型后还有刺孔工步,故成型过程中的气泡无需扎破。(　　)

102. 空气弹簧气囊钢丝圈底部的反包折子要求均匀即可,很难避免。(　　)

103. 空气弹簧气囊帘布活折子,直接用手用力拽开即可。(　　)

104. 成型完毕的空气弹簧气囊囊坯若无成型标识,则废品处理。(　　)

105. 空气弹簧气囊成型过程中机头宽度必须每个囊坯测一次。(　　)

106. 空气弹簧气囊成型增强层的帘线可以割断。(　　)

107. 空气弹簧气囊成型过程中的轻微缺胶现象可以用同种胶片修补。(　　)

108. 空气弹簧气囊成型汽油刷和胶油刷可以混用。(　　)

109. 空气弹簧的气囊囊坯各层间气泡和脱层可以返修。(　　)

110. 空气弹簧气囊成型要随时检查机头及螺丝,防止松动。(　　)

111. 空气弹簧气囊成型刷汽油越多越好。(　　)

112. 空气弹簧气囊囊坯外观不允许有胶片折子存在。(　　)

113. 空气弹簧气囊帘布筒周长公差为±1 mm。(　　)

114. 空气弹簧气囊腰带硫化前不需要烘坯处理。(　　)

115. 空气弹簧气囊的任何半成品都不允许有杂质存在。(　　)

116. 因空气弹簧气囊外胶不起密封作用,故直径 5 mm 以下的杂质不影响使用,允许存在。(　　)

117. 空气弹簧气囊胶片压延后必须停放一段时间方可使用。(　　)

118. 空气弹簧气囊钢丝圈压出工序,回车胶可以直接掺用,不用按照一定的比例。(　　)

119. 空气弹簧气囊用钢丝圈成型工序需要将钢丝圈包布均匀缠绕于钢丝圈外表面,并避开钢丝搭头原有包布部分。(　　)

120. 空气弹簧气囊腰带硫化前需要刺孔处理。(　　)

121. 空气弹簧气囊用钢丝圈包裹包布时,差级可以不控制。(　　)

122. 空气弹簧气囊用钢丝圈包布操作时,若发现机械故障,可以自行判断是否继续操作。(　　)

123. 空气弹簧气囊用钢丝圈包布操作时,若发现半成品异常,必须停产将半成品取出排除故障后方可重新操作。(　　)

124. 缠绕后的空气弹簧气囊用钢丝圈外一定要包裹胶帘布。(　　)

125. 空气弹簧气囊用钢丝圈包布缠绕时,钢丝圈包布要避开钢丝圈搭头原有部分。(　　)

126. 空气弹簧气囊用钢丝圈包布机操作时,钢丝圈包布要均匀地缠绕于钢丝圈外表面。

(　　)

127. 设备用润滑剂的状态检查，主要检查泄露情况及润滑剂是否变色。(　　)

128. 设备出现异常现象时，只要感觉不会发生大的安全事故就应该继续完成当天的生产计划。(　　)

129. 空气弹簧实际上是一种特型的轮胎，因此，空气弹簧气囊成型机可以参照微型轮胎成型机的方法设计。(　　)

130. 空气弹簧气囊成型机的下压辊装置工作时由同一驱动系统带动，左右导开。(　　)

131. 空气弹簧成型机的下压辊主要用于滚压帘布层。(　　)

132. 空气弹簧气囊成型机的压滚工作速度和空车回位速度可以通过设置变频调速，从而适用不同规格和工艺成型的要求。(　　)

133. 空气弹簧气囊囊坯刺孔机的行程需要根据囊坯厚度进行确定。(　　)

134. 空气弹簧气囊囊坯刺孔机有个别针缺失不影响使用。(　　)

135. 空气弹簧气囊囊坯刺孔机在使用过程中应注意检查针上是否有润滑油。(　　)

136. 空气弹簧气囊囊坯刺孔机是由气缸驱动，完成刺孔动作。(　　)

137. 齿轮分配箱的主轴与成型辊轴的连接一般都采用万向接轴，以适应成型辊调整的要求。(　　)

138. 空气弹簧气囊钢丝圈包布机每次进行点检都应检查齿轮的啮合和磨损情况。(　　)

139. 空气弹簧气囊囊坯刺孔机的点检应着重检查针的完好排列情况。(　　)

140. 空气弹簧气囊成型机设备有异响时，应首先完成本班次的生产任务然后再进行设备的维修。(　　)

141. 空气弹簧气囊成型机设备出现主轴磨损情况时，应立即报修，不能继续进行生产。(　　)

142. 空气弹簧气囊囊坯刺孔机行程过大，会导致囊坯被刺穿，影响硫化质量。(　　)

143. 空气弹簧气囊成型机设备应定期维护，进行设备的保养。(　　)

144. 空气弹簧气囊囊坯刺孔机因其结构简单，故不需要进行定期维护保养。(　　)

145. 空气弹簧气囊钢丝圈包布机进行包布操作时出现卡盘松动，应立即进行紧固。(　　)

146. 空气弹簧气囊成型机设备的尾座只起到支撑主轴的作用，所以在实际操作时，可根据操作工个人习惯决定尾座的使用与否。(　　)

147. 空气弹簧气囊成型机的供料架在使用过程中应注意及时回位，避免与机头的干涉损坏。(　　)

148. 空气弹簧气囊成型机的限位开关是否完好，不影响正常的生产。(　　)

149. 空气弹簧气囊囊坯成型记录必须填写成型时间和班次。(　　)

150. 空气弹簧成型设备点检记录表需要设备点检人员签字。(　　)

151. 空气弹簧成型设备点检记录中不需要检查润滑要求。(　　)

152. 交接班记录只需交班人如实填写即可。(　　)

153. 交接班记录中设备状态一律填写“正常”。(　　)

154. 交接班记录中生产数量应如实填写。(　　)

155. 空气弹簧气囊成型产品合格率在某些情况下可以用每班或每天产量为基础来计算。(　　)

五、简 答 题

1. 简述空气弹簧小曲囊气囊囊坯成型要做到的“四无”。
2. 简述空气弹簧小曲囊气囊钢丝圈后成型工序需要的量具。
3. 简述空气弹簧小曲囊气囊帘布筒表面要做到的“七无”。
4. 简述空气弹簧小曲囊气囊囊坯要做到的“四正”。
5. 简述空气弹簧小曲囊气囊用胶片的表面质量要求。
6. 简述空气弹簧小曲囊气囊扣钢丝圈正包质量要求。
7. 简述空气弹簧小曲囊气囊刷汽油的具体要求。
8. 简述空气弹簧小曲囊气囊外层胶的作用。
9. 简述空气弹簧腰带式气囊腰带包布自检要求。
10. 简述空气弹簧小曲囊气囊囊坯的主要组成部件。
11. 简述空气弹簧小曲囊气囊成型中,差级重叠或集中对产品影响。
12. 空气弹簧小曲囊气囊成型过程中会使用汽油,简述其作用。
13. 简述空气弹簧小曲囊气囊胶片接头修理要求。
14. 空气弹簧小曲囊气囊成型过程中会使用汽油,简述其缺点。
15. 简述空气弹簧大曲囊气囊成型过程中,成型机主轴必须插在尾座中的工步。
16. 简述空气弹簧小曲囊气囊帘布层的作用。
17. 简述空气弹簧小曲囊气囊内层胶的作用。
18. 简述空气弹簧腰带式气囊囊坯的主要组成部件。
19. 简述空气弹簧大曲囊气囊成型中,差级重叠或集中对产品影响。
20. 空气弹簧用大曲囊气囊成型中会使用汽油,简述其作用。
21. 简述空气弹簧小曲囊气囊在机头上贴增强层时的具体要求。
22. 简述空气弹簧小曲囊气囊外胶质量标准。
23. 简述空气弹簧小曲囊气囊内胶质量标准。
24. 简述空气弹簧小曲囊气囊护胶质量标准。
25. 简述空气弹簧腰带式气囊扣钢丝圈正包质量要求。
26. 简述空气弹簧大曲囊气囊扣钢丝圈正包质量要求。
27. 空气弹簧腰带式囊气囊成型中会使用汽油,简述其缺点。
28. 简述空气弹簧小曲囊气囊成型完毕后胎坯刺孔的目的。
29. 简述空气弹簧小曲囊气囊成型完毕的胎坯烘坯的目的。
30. 简述空气弹簧小曲囊气囊成型帘布筒折子的危害。
31. 简述空气弹簧小曲囊气囊成型的接头压线标准。
32. 简述空气弹簧小曲囊气囊成型的大头小尾和接头出角标准。
33. 若单根钢丝的直径为 1 mm,挂胶后的直径为 1.3 mm,简述钢丝圈总宽度的计算公式。
34. 若单根钢丝的直径为 1 mm,挂胶后的直径为 1.3 mm,简述钢丝圈总厚度的计算公式。
35. 简述空气弹簧小曲囊气囊钢丝圈切头部位工艺标准。

36. 简述存放过程中发生粘连的空气弹簧小曲囊气囊钢丝圈的处理措施。
37. 简述空气弹簧小曲囊气囊成型用胶芯的外观质量要求。
38. 简述空气弹簧小曲囊气囊钢丝圈包布自检要求。
39. 简述空气弹簧小曲囊气囊成型过程中三角胶芯的质量要求。
40. 简述空气弹簧小曲囊气囊成型操作过程中对胶帘布表面质量的要求。
41. 简述空气弹簧小曲囊气囊成型过程中帘布贴合质量要求。
42. 简述空气弹簧小曲囊气囊成型过程中帘布的使用原则。
43. 简述空气弹簧小曲囊气囊成型过程中胶片的使用原则。
44. 简述空气弹簧小曲囊气囊成型过程中增强层的贴合要求。
45. 简述空气弹簧小曲囊气囊帘布贴合的单层偏歪值公差要求。
46. 简述空气弹簧小曲囊气囊成型过程中各部件的质量要求。
47. 简述空气弹簧小曲囊气囊成型过程中胶片贴合质量要求。
48. 简述空气弹簧大曲囊气囊成型过程中,成型机主轴必须插在尾座中的工步。
49. 简述空气弹簧气囊成型机设备的组成。
50. 简述多楔带传动的优点。
51. 简述设备预防性维修的目的。
52. 列举设备诊断常用的检测手段。
53. 简述设备冷却润滑液的作用。
54. 简述多楔带主传动中的刹车装置采用轮胎式气囊气动离合器的优点。
55. 简述空气弹簧气囊成型机设备采用框架式结构的特点。
56. 简述空气弹簧气囊成型机下压辊采用电动装置的优点。
57. 简述空气弹簧气囊成型机旋转式尾架总成的特点。
58. 简述带传动的工作原理。
59. 简述带传动定期张紧的作用。
60. 简述带传动的优点。
61. 简述带传动中弹性滑动的概念。
62. 至少列举五个链传动的主要参数。
63. 简述链条节数最好取偶数的原因。
64. 简述带传动的缺点。
65. 简述链传动布置的原则。
66. 简述在空气弹簧气囊囊坯成型记录中,当半成品编号发生变化时的处理方式。
67. 简述空气弹簧气囊成型设备点检时,对机器停机后的点检内容。
68. 简述空气弹簧气囊成型设备点检时,对机械部分的点检内容。
69. 简述空气弹簧气囊囊坯成型记录的保存要求。
70. 简述空气弹簧气囊成型产品合格率的计算。

六、综 合 题

1. 综述空气弹簧气囊成型车间要规定一定室温的原因。
2. 综述空气弹簧小曲囊气囊帘布筒有折子的坏处。

3. 综述空气弹簧小曲囊气囊反包端点打折的原因和解决措施。
4. 综述空气弹簧小曲囊气囊在成型过程中要保持一定风压的原因。
5. 综述空气弹簧小曲囊气囊成型用帘布表面质量要求。
6. 综述空气弹簧小曲囊气囊成型帘布贴合接头压线要求。
7. 综述空气弹簧小曲囊气囊帘布贴合质量要求。
8. 综述空气弹簧小曲囊气囊在机头上贴胶片时的具体要求。
9. 综述空气弹簧小曲囊气囊小块帘布的使用原则。
10. 综述空气弹簧小曲囊气囊胶片接头要求。
11. 综述空气弹簧小曲囊气囊帘布反包后子口部位的处理措施。
12. 综述空气弹簧气囊小曲囊空气弹簧气囊成型用垫布的质量标准。
13. 综述空气弹簧小曲囊气囊钢丝圈成型工序生产前的准备内容。
14. 综述空气弹簧小曲囊气囊钢丝圈成型工序的自检要求。
15. 综述空气弹簧气囊腰带式气囊护胶宽度的测量方法。
16. 综述空气弹簧气囊腰带式气囊外胶宽度的测量方法。
17. 综述空气弹簧气囊腰带式气囊内胶宽度的测量方法。
18. 综述空气弹簧气囊腰带式气囊护胶厚度的测量方法。
19. 综述空气弹簧气囊腰带式气囊外胶厚度的测量方法。
20. 综述空气弹簧气囊腰带式气囊内胶厚度的测量方法。
21. 综述空气弹簧小曲囊气囊成型过程中半成品的检验方法和工具。
22. 综述空气弹簧小曲囊气囊成型的一般工艺流程。
23. 综述空气弹簧小曲囊气囊成型前的准备工作。
24. 综述空气弹簧小曲囊气囊囊坯穿刺的工艺流程。
25. 综述启动电机前的注意事项。
26. 综述设备中机械零件修复的优点。
27. 综述链传动的特点。
28. 综述空气弹簧成型设备润滑工作的目的和意义。
29. 综述空气弹簧成型设备点检的主要内容。
30. 综述空气弹簧成型机设备维护的“四项要求”。
31. 综述链传动的主要缺点。
32. 综述空气弹簧成型机设备断头螺栓的拆卸方法及注意事项。
33. 综述填写空气弹簧气囊囊坯成型记录的主要作用。
34. 综述空气弹簧气囊成型设备的点检内容。
35. 综述空气弹簧气囊囊坯内外质量记录表的保存要求。

橡胶成型工(初级工)答案

一、填 空 题

1. 硫化剂	2. 玻璃态	3. 天然橡胶	4. 丁苯
5. 欠硫	6. 收缩	7. 硫化强度	8. 压力
9. 决定性	10. 弹性体	11. 工艺加工	12. 接触面积
13. 143	14. 95	15. 顺1,4聚异戊二烯	16. 线形大分子
17. 塑炼	18. 树脂型	19. 外观质量	20. 硫化
21. 诱导	22. 焦烧	23. 促进剂	24. 老化
25. 塑性	26. 氧	27. Goodyear	28. 硫化剂
29. 炭黑	30. 生胶	31. 防老剂	32. 活性剂
33. 烘胶	34. 粒径	35. 密度测定	36. 自补强
37. 140 ℃×30 min	38. 补强填充	39. 防护	40. 生胶
41. 小	42. 强度	43. 各向异性	44. 生产配方
45. 胶片之间发生粘连	46. 降低	47. 纤维	48. 增塑剂
49. 配方设计	50. 增塑	51. 炭黑	52. 填料
53. 热	54. 交联	55. 硫化体系	56. 化学
57. 顺丁橡胶	58. 冷流	59. 2	60. 禁止
61. 大于	62. 1	63. 压延	64. 均匀
65. 二段成型法	66. 4	67. 同种	68. 120
69. 18	70. 测厚仪	71. 4	72. 层层
73. 腰带式	74. 交叉	75. 3	76. 无折子
77. 胶浆	78. 汽油	79. 3	80. 逐层
81. 1.5	82. 汽油	83. 搭接	84. 1.5
85. 4	86. 3	87. 1～3	88. 不允许
89. 目测	90. 四正	91. 交叉	92. 钢丝圈
93. 2	94. 1.5	95. 1	96. 生产
97. 均匀	98. 后压辊	99. 后压辊	100. 表面质量
101. 层层	102. 交叉	103. 修齐	104. 启开展平
105. 底部	106. 无间隙	107. 齐全清晰	108. 卷尺
109. 刺破	110. 脱层	111. 漏风	112. 无折子
113. 胶浆	114. 后压辊	115. 手压辊	116. 铁桶
117. 断针	118. 10	119. 增强层	120. 搭接
121. 磨刀	122. 钢丝圈	123. 均匀	124. 胶片

125. 烘坯　126. 流转卡片　127. 胶浆　128. 多楔带
129. 成型机　130. 线性　131. 主动　132. 主轴
133. 点检制　134. 定点　135. 检修　136. 自检
137. 驱动气缸　138. 下压辊　139. 刺孔机　140. 乳化液
141. 单独传动　142. 操作工人　143. 日常保养　144. 预防维修
145. 操作证　146. 使用寿命　147. 直径　148. 宽度
149. 下压辊　150. 生产　151. 囊坯成型　152. 设备点检记录表
153. 松动　154. 交接班　155. 交班人　156. 合格数量
157. 质量

二、单项选择题

1. A	2. C	3. B	4. D	5. D	6. D	7. C	8. B	9. B
10. C	11. A	12. B	13. B	14. A	15. B	16. B	17. C	18. B
19. B	20. D	21. B	22. D	23. A	24. D	25. A	26. C	27. C
28. A	29. C	30. A	31. D	32. B	33. A	34. D	35. B	36. C
37. B	38. D	39. B	40. A	41. D	42. C	43. B	44. C	45. A
46. B	47. C	48. A	49. B	50. D	51. C	52. D	53. A	54. B
55. A	56. A	57. A	58. A	59. B	60. D	61. B	62. A	63. A
64. C	65. A	66. C	67. C	68. B	69. A	70. D	71. A	72. C
73. D	74. D	75. C	76. A	77. B	78. C	79. B	80. D	81. A
82. C	83. A	84. A	85. C	86. C	87. B	88. D	89. A	90. A
91. C	92. C	93. C	94. A	95. B	96. D	97. D	98. A	99. A
100. A	101. C	102. C	103. A	104. B	105. B	106. A	107. B	108. A
109. C	110. A	111. C	112. D	113. A	114. A	115. B	116. C	117. D
118. A	119. B	120. A	121. D	122. D	123. C	124. C	125. A	126. A
127. B	128. C	129. A	130. C	131. B	132. B	133. C	134. D	135. C
136. C	137. B	138. B	139. C	140. A	141. B	142. C	143. C	144. C
145. A	146. A	147. A	148. B	149. B	150. B	151. A	152. B	153. A
154. A	155. A	156. A						

三、多项选择题

1. ABCD	2. ABC	3. ABCD	4. ACD	5. ABD	6. ABC	7. ACD
8. ABC	9. AC	10. AD	11. AB	12. AB	13. ABC	14. BCD
15. CD	16. ABCD	17. BCD	18. BC	19. ABC	20. ABCD	21. AD
22. AB	23. ABD	24. AC	25. CD	26. ABD	27. ABCD	28. ABCD
29. ABC	30. BC	31. ABCD	32. ABCD	33. ABC	34. AC	35. ABCD
36. AD	37. AB	38. ABCD	39. ABCD	40. ABCD	41. ABC	42. BCD
43. ABCD	44. ABC	45. AB	46. AC	47. AC	48. ABCD	49. ABC
50. ABD	51. ABCD	52. ABCD	53. AB	54. BCD	55. AB	56. ABCD

57. ABCD 58. ACD 59. ABC 60. ABCD 61. ABD 62. ABD 63. CD
64. ABCD 65. ABC 66. ABCD 67. ABD 68. ABC 69. ABCD 70. ABD
71. AD 72. ABC 73. ABC 74. ABCD 75. ABD 76. ABCD 77. ACD
78. ABC 79. ABC 80. ABD 81. ABCD 82. AD 83. ABCD 84. ABCD
85. ABCD 86. ABCD 87. ABD 88. ABCD 89. ABC 90. AC 91. AB
92. AB

四、判断题

1. √ 2. √ 3. × 4. × 5. × 6. × 7. √ 8. √ 9. ×
10. √ 11. √ 12. × 13. √ 14. × 15. × 16. × 17. √ 18. ×
19. × 20. √ 21. √ 22. √ 23. × 24. × 25. √ 26. × 27. √
28. √ 29. √ 30. √ 31. × 32. × 33. √ 34. √ 35. √ 36. √
37. √ 38. √ 39. × 40. √ 41. √ 42. × 43. √ 44. √ 45. ×
46. × 47. √ 48. √ 49. √ 50. √ 51. √ 52. √ 53. √ 54. √
55. × 56. √ 57. √ 58. √ 59. × 60. × 61. √ 62. × 63. √
64. × 65. √ 66. × 67. × 68. × 69. √ 70. × 71. √ 72. √
73. × 74. √ 75. × 76. √ 77. √ 78. × 79. × 80. √ 81. ×
82. √ 83. × 84. × 85. × 86. × 87. √ 88. × 89. × 90. ×
91. √ 92. √ 93. × 94. √ 95. √ 96. √ 97. × 98. √ 99. √
100. √ 101. × 102. √ 103. × 104. √ 105. × 106. × 107. √ 108. ×
109. √ 110. √ 111. × 112. √ 113. × 114. × 115. √ 116. × 117. √
118. × 119. √ 120. √ 121. × 122. × 123. √ 124. × 125. √ 126. √
127. √ 128. × 129. √ 130. √ 131. √ 132. √ 133. × 134. × 135. √
136. √ 137. × 138. √ 139. √ 140. × 141. √ 142. × 143. √ 144. ×
145. √ 146. × 147. √ 148. × 149. √ 150. √ 151. × 152. × 153. ×
154. √ 155. √

五、简答题

1. 答:无折子(2分)、无掉胶(1分)、无杂物(1分)、无断线(1分)。

2. 答:卷尺(2分)、剪刀(1分)、测厚规(2分)。

3. 答:无气泡(0.5分)、无脱层(1分)、无露白(0.5分)、无折子(0.5分)、无杂物(0.5分)、无劈缝(1分)、无弯曲(1分)。

4. 答:覆盖胶正(1分)、帘布筒正(1分)、钢丝圈正(2分)、密封胶正(1分)。

5. 答:要求表面新鲜(1分)、无杂物(1分)、无喷霜(1分)、无熟胶疸(1分),胶片有少量掉胶或小破洞的要补上同类胶片并压实后方可使用(1分)。

6. 答:使帘布筒紧贴鼓面不得翘起,并在帘布筒扣圈部位均匀涂刷汽油(2分),待汽油挥发至无痕后再行扣圈(1分),如钢丝圈错位应取下重扣,钢丝圈扣正后须用后压辊将其压实(2分)。

7. 答:成型所用汽油为120#汽油,其他汽油禁止使用(3分)。刷汽油要先轻后重,涂刷均匀,不要太多(2 分)。

8. 答:外胶层的主要作用是保护帘线层不受外界环境侵蚀(5 分)。

9. 答:包布无折子(2 分),无气泡(2 分)、无脱空(1 分)。

10. 答:外胶 (1 分)、护胶(1 分)、帘布层(1 分)、钢丝圈(1 分) 、胶芯(1 分)。

11. 答:差级重叠或集中会使该处的应力集中过大(3 分)。实际运用中,此处耐疲劳性能下降(1 分),在反复受力形变过程中,造成气囊的早期损坏(1 分)。

12. 答:清洁各部件的接触面,保持接触面新鲜(2 分),避免各部件黏合时被污染(1 分),对提高黏合有利(2 分)。

13. 答:胶片接头必须修平(1 分)、修齐(1 分)、压实(2 分)、压牢(1 分)。

14. 答:汽油涂刷过多,不易挥发(2 分),会带来气泡、脱层等隐患(3 分)。

15. 答:成型操作在内侧帘布反包(1 分)、帘布压合(2 分)、贴胶片(1 分)、胶片压合(1 分)时必须保持机头主轴插在尾座中。

16. 答:帘线层是受力层(2 分),它决定着气囊的强度和性能(3 分)。

17. 答:内层胶是起到密封的作用(5 分)。

18. 答:外胶(1 分)、内胶(1 分)、腰带(1 分)、帘布层(1 分)、钢丝圈(1 分)。

19. 答:差级重叠或集中会使该处的应力集中过大(3 分)。实际运用中,此处耐疲劳性能下降(1 分),在反复受力形变过程中,造成气囊的早期损坏(1 分)。

20. 答:清洁各部件的接触面,保持接触面新鲜(2 分),避免各部件黏合时被污染(1 分),对提高黏合有利(2 分)。

21. 答:在机头上贴子口部位增强层帘布时,其角度要与囊体帘布交叉排列(2 分),并且层层压实(1 分),气泡扎尽(1 分),折子展平(1 分)。

22. 答:空气弹簧气囊外胶胶片的外观质量要求无坑、无疤、无气泡、无褶子、无自硫胶粒、无杂物(3 分)等缺陷;厚薄均匀,表面光滑(2 分)。

23. 答:空气弹簧小曲囊气囊内胶胶片的外观质量要求无坑、无疤、无气泡、无褶子、无自硫胶粒、无杂物(3 分)等缺陷;厚薄均匀,表面光滑(2 分)。

24. 答:裁断完毕的小曲囊空气弹簧气囊护胶胶片的外观质量要求无坑、无疤、无气泡、无褶子、无自硫胶粒、无杂物(3 分)等缺陷;厚薄均匀,表面光滑(2 分)。

25. 答:使帘布筒紧贴鼓面不得翘起,并在帘布筒扣圈部位均匀涂刷汽油(2 分),待汽油挥发至无痕后再行扣圈(1 分),如钢丝圈错位应取下重扣(1 分),钢丝圈扣正后须用后压辊将其压实(1 分)。

26. 答:使帘布筒紧贴鼓面不得翘起,并在帘布筒扣圈部位均匀涂刷汽油(2 分),待汽油挥发至无痕后再行扣圈(1 分),如钢丝圈错位应取下重扣(1 分),钢丝圈扣正后须用后压辊将其压实(1 分)。

27. 答:汽油涂刷过多,不易挥发(2 分),会带来气泡、脱层等隐患(3 分)。

28. 答:避免囊体内的气体未排尽而造成脱层(2 分),气泡(2 分)等质量缺陷,尤其是尼龙导气性差,必须刺孔(1 分)。

29. 答:囊坯内部分残存的汽油等挥发分得到充分挥发(2 分),增加气囊各部件间的黏合(2 分),避免定型时起泡或脱层(1 分)。

30. 答:帘布筒有折子,会导致成型后的囊坯局部弯曲(1 分)、伸张不均(2 分)、受力不一致(1 分),造成局部帘线早期折断爆破(1 分)。

31. 答:普通帘布层接头压线:1～3 根(3 分);钢丝圈包布接头压线:<10 mm(2 分)。

32. 答:大头小尾:<4 mm(3 分);接头出角:<3 mm(2 分)。

33. 答:钢丝圈总宽度:1.4×根数±0.5 mm(5 分)。

34. 答:钢丝圈总厚度:1.3×根数±0.4 mm(5 分)。

35. 答:钢丝圈切头要整齐,无钩弯(3 分),搭头要平整,缠头后不翘起(2 分)。

36. 答:存放过程中胶粘连的钢丝圈,使用前用 120 # 汽油润开(3 分),不得强行分离(2 分)。

37. 答:光滑、无缺胶(1 分)、无喷霜(1 分)、无生熟胶疸(1 分)、无杂物(1 分)、无气泡、无水(1 分)等影响质量的外观缺陷。

38. 答:包布无折子(2 分),无气泡(1 分),无脱空(2 分)。

39. 答:三角胶芯接头要求对接(3 分),不得搭接,无脱开、不翘起、无缺空(2 分)。

40. 答:操作过程中要注意检查帘布质量(2 分),帘布表面不得有杂物、甩角、宽度不均、压线超标、折子、露白、弯曲、稀密不均、熟胶疸等缺陷(2 分)。有较严重劈缝、罗股、打弯等毛病的帘布应扯掉(1 分)。

41. 答:帘布贴合时要层层压实(3 分),有气泡要扎净、压实,有折子要启开展平(1 分),表面喷霜的胶帘布要刷适量汽油,待汽油挥发至无痕迹后再进行贴合(1 分)。

42. 答:帘布按照生产的先后顺序使用(3 分)。要求表面新鲜、无杂物、无喷霜(1 分)。不合格的应停止使用并返回上工序(1 分)。

43. 答:胶片要按照生产的先后顺序使用(3 分)。要求表面新鲜、无杂物、无喷霜(1 分)。不合格的应停止使用并返回上工序(1 分)。

44. 答:在机头上贴子口部位增强层帘布时,其角度要与囊体帘布交叉排列(3 分),并且层层压实,气泡扎尽,折子展平(2 分)。

45. 答:差级 5 mm 以下(包括 5 mm):≤3 mm(2 分);差级 5～30 mm(包括 30 mm):≤6 mm(2 分);差级 30 mm 以上:≤10 mm(1 分)。

46. 答:成型各部件要层层压实,帘布筒表面做到“七无”(2 分),整个囊坯做到“四正”(2 分)、“四无”(1 分)。

47. 答:胶片贴合不允许有折子(3 分),偏歪值不大于 2 mm(2 分)。

48. 答:成型操作在大子口帘布反包(1 分)、帘布压合(2 分)、贴胶片(1 分)、胶片压合(1 分)时必须保持机头主轴插在尾座中。

49. 答:空气弹簧气囊成型机设备主要由成型机主机(0.5 分)、压辊装置(1 分)、尾架装置(0.5 分)、整体底座(0.5 分)、供料装置(0.5 分)、气动管路系统(1 分)和电气控制系统(1 分)等部分组成。

50. 答:多楔带传动有平稳(1 分)、可靠(1 分)、几何尺寸小(1 分)、使用寿命长(2 分)等优点。

51. 答:目的在于将设备的故障率和实际折旧率降至最低(3 分),将设备使用周期中设备的可用性和可靠性增至最高(2 分)。

52. 答:机械检测(2 分)、电器检测(1 分)、油质检测(1 分)、温度检测(1 分)。

53. 答:冷却作用(1 分)、润滑作用(2 分)、清洗作用(1 分)、防锈作用(1 分)。

54. 答:优点是动作灵敏、可靠耐用(3 分),维修量小(2 分)。

55. 答:刚性好(2 分)、导向精度高(2 分)、疲劳能力强(1 分)。

56. 答:采用电动装置的下压辊,其压辊的分离速度不受成型鼓直径转速变化的影响(2 分),滚压的时间是固定的(1 分),滚压过程没有漏压现象(1 分),提高了囊坯的压合质量(1 分)。

57. 答:在成型机头外侧,与底座平面成 40°倾斜角设有尾架总成,它相对成型鼓可作轴向及自身旋转运动(3 分),并利用风筒的压力及配套的传动装置(1 分),成型时成型机头处于最佳的简支梁受力状态(1 分)。

58. 答:带以一定的预紧力紧套在两个带轮上,由于预紧力的作用(1 分),带和带轮的接触面上就产生了正压力(1 分)。主动轮和带产生的摩擦力驱使带运动(1 分),带和从动轮相对运动,产生摩擦力(1 分),带作用在从动轮上的摩擦力带动从动轮运动(1 分)。

59. 答:各种材质的带都不是完全的弹性体,在变应力的作用下(1 分),经过一定时间的运转后,就会由于弹性变形而松弛(1 分),使转动能力降低(1 分)。为了保证带传动的能力,应定期检查,如果发现不足时,必须张紧,才能正常工作(2 分)。

60. 答:结构简单(1 分),传动平稳(1 分),造价低廉(1 分),以及缓冲共振(1 分),还可以对电机过载保护(1 分)。

61. 答:由于带的弹性变形而引起的带与带轮间的滑动,称为带传动的弹性滑动(3 分),弹性滑动是带传动的固有现象(2 分)。

62. 答:节距(1 分)、链轮齿数(1 分)、转速(1 分)、滚子外径(1 分)、内链节(1 分)、内宽(1 分)、排距(1 分)。(任选五项)

63. 答:当链节数为偶数时,接头处可用开口销或弹簧卡片来固定,一般前者用于大节距,后者用于小节距(2 分);当节数为奇数时,需采用过渡链节(1 分)。过渡链节要受到附加弯矩的作用,所以在一般情况下最好不用奇数节(2 分)。

64. 答:带易磨损(1 分),寿命短(1 分),产生弹性打滑(2 分),不能保证精确的传动比(1 分)。

65. 答:链传动一般应布置在铅垂平面内(2 分)。确有需要,则应考虑加托板或张紧轮等装置,并且设计较紧的中心距(3 分)。

66. 答:另填写一行(5 分)。

67. 答:切断电源(1 分)、气源(2 分)、清除所有杂物(2 分)。

68. 答:检查压辊动作是否正常(2 分),供料架动作是否正常(2 分),检查扣圈动作是否准确(1 分)。

69. 答:由车间保存(2 分),保存期限不低于 10 年(3 分)。

70. 答:以本班某规格产品生产合格数量除以该规格总产量(4 分),乘以 100%(1 分)。

六、综 合 题

1. 答:室温对汽油挥发速度和胶料半成品以及胶帘布半成品软硬有极大的关系(2 分)。室温高,汽油挥发快,半成品材料软,易操作,黏着性也好(2 分);室温低,汽油挥发慢,半成品材料硬,不便操作,不易压实,汽油挥发不尽,会使囊坯在硫化时产生气泡、脱层或者海绵状等毛病(2 分)。但室温过高,汽油挥发过快,造成浪费(1 分),同时胶帘布材料太软,易粘在一起扒不开(1分),使帘布角度变化影响质量(1分),所以空气弹簧气囊成型车间要规定一定的室温(1分)。

2. 答:帘布筒有折子,会使成型后的囊坯局部帘线弯曲(3分)。伸张不均、受力不一致,造成局部帘线早期截断爆破(3分)。若帘布筒边部折子多,就会造成胎圈部位包固不紧,影响胎圈压缩系数和钢丝圈底部压缩系数,造成胎圈部位的早期破坏(4分)。

3. 答:在气囊成型的过程中,帘线需绕过钢丝圈进行反包(2分)。在反包的过程中,因存在半成品直径的变化,易在反包端点起折(1分)。这种折子需要在生产过程中用汽油润开,否则在成品组装充气后会出现局部不规则凸起,即上述的打折现象,对产品的使用寿命也有一定的影响(3分)。针对该种现象,在成型过程中需要将该种折子用汽油润开,然后展平(4分)。

4. 答:空气弹簧气囊成型各帘布层之间需要一定的压实力(2分)。若风压过低,会使帘布各层之间不密实,造成层间存有空气,降低附着力,影响成品质量(4分)。若风压过高,会压劈帘线,同样影响成品质量(4分)。

5. 答:帘布表面不得有杂物、甩角、宽度不均、折子、露白、弯曲、稀密不均、熟胶痘等缺陷(7分)。有较严重劈缝、罗股、打弯等毛病的帘布应扯掉(3分)。

6. 答:第一层与密封胶贴合的帘布层接头压线允许1～5根(3分),其他帘布层接头压线允许1～3根(2分),增强层接头压线允许1～7根(3分),均不得缺线(2分)。

7. 答:帘布贴合时要层层压实(2分),有气泡要扎净、压实(2分),有折子要启开展平(2分),表面喷霜的胶帘布要刷适量汽油(2分),待汽油挥发至无痕迹后再进行贴合(2分)。

8. 答:在机头上贴胶片时,胶片要放正摆平(4分),均匀用力牵拉胶片(4分),使其长度伸张不大于2%(2分)。

9. 答:布筒接头每层不超过3个(2分),接头间距最小距离不小于100 mm(2分),且大于100 mm小于200 mm的小段帘布不得连续使用(2分),接头不允许重叠(2分),相邻层之间接头不得有"#"字形(2分)。

10. 答:内胶接头宽度为5～7 mm(2分),外胶接头宽度为3～5 mm(2分),子口护胶接头为2～4 mm(2分),同时必须修平、修齐、压实、压牢(4分)。

11. 答:帘布反包完后,要用后压辊将子口部位压实(4分),气泡扎尽(4分),折子展平(2分)。

12. 答:垫布不倒卷不准使用(2分),同一卷垫布不允许有断头(2分),倒好卷的垫布一律整齐码放在地台上(2分),所有垫布不准落地,保持清洁(2分)。垫布宽度要大于胶片宽度80～100 mm(2分)。

13. 答:检查工具工装是否准备齐全(3分);检查设备运行是否完好(3分);检查钢丝圈尺寸、三角胶芯尺寸、包布尺寸及胶片尺寸是否符合工艺卡片要求(4分)。

14. 答:钢丝圈无变形(2分),包布无折子(1分),无气泡(1分)、无脱空(1分);三角胶芯接头要求对接(2分),无脱开(1分)、不翘起(1分)、无缺空(1分)。

15. 答:使用卷尺测量腰带式气囊护胶胶片宽度(5分)。在一张胶片上取长度方向间隔大于200 mm的位置测宽度,其中一处不合格即为不合格(3分),若两处宽度均合格,记录表中记录两者的平均值(2分)。

16. 答:使用卷尺测量腰带式气囊外胶胶片宽度(5分)。在一张胶片上取长度方向间隔大于200 mm的位置测宽度,其中一处不合格即为不合格(3分),若两处宽度均合格,记录表中记录两者的平均值(2 分)。

17. 答:使用卷尺测量腰带式气囊内胶胶片宽度(5 分)。在一张胶片上取长度方向间隔大于 200 mm 的位置测宽度,其中一处不合格即为不合格(3 分),若两处宽度均合格,记录表中记录两者的平均值(2 分)。

18. 答:使用测厚规测量腰带式气囊护胶胶片厚度(5 分)。在一张胶片上取长度方向间隔大于 200 mm 的两点,其中一点不合格即为不合格(3 分),若两点厚度均合格,记录表中记录两者的平均值(2 分)。

19. 答:使用测厚规测量腰带式气囊外胶胶片厚度(5 分)。在一张胶片上取长度方向间隔大于 200 mm 的两点,其中一点不合格即为不合格(3 分),若两点厚度均合格,记录表中记录两者的平均值(2 分)。

20. 答:使用测厚规测量腰带式气囊内胶胶片厚度(5 分)。在一张胶片上取长度方向间隔大于 200 mm 的两点,其中一点不合格即为不合格(3 分),若两点厚度均合格,记录表中记录两者的平均值(2 分)。

21. 答:使用卷尺测量帘布、胶片宽度、扣圈盘周长、机头周长、宽度等(2 分);使用量角器测量帘布裁断角度(2 分);使用测厚计测量帘布、胶片厚度(2 分);目测帘布、胶片表面质量及钢丝圈表面质量(2 分)。使用游标卡尺测量腰带的宽度和厚度(2 分)。

22. 答:鼓肩均匀涂胶浆(1 分)→贴胶片(1 分)→检查→贴帘布→检查→涨鼓(1 分)→下压辊加压压实胎囊体→后压辊加压正包→钢丝圈部位均匀刷汽油(1 分)→用扣圈盘扣正钢丝圈→帘布扳边反包(1 分)→后压辊加压压实子口→检查→贴胶片(1 分)→检查→后压辊加压压实(1 分)→缩鼓(1 分),卸囊坯(1 分)→检查→修整囊坯(1 分)。

23. 答:(1)工具工装:卷尺、测厚仪、剪刀、油壶等(3 分)。(2)检查风压是否符合检查卡片要求(2 分)。(3)检查成型设备的运行是否完好(2 分)。(4)检查供料架上布卷的规格、宽度是否符合工艺卡片(2 分),帘布角是否按交叉规律摆放(1 分)。

24. 答:(1)将囊坯置于囊坯刺孔机工作台面上(1 分),踩动踏板,使刺针刺入囊坯(1 分)。穿刺过程中缓慢旋转囊坯(1 分),穿刺均匀、不漏扎(1 分),但不得扎透囊坯内胶(1 分)。(2)囊坯用穿刺机穿刺后,检查是否有断针及其他杂物(1 分),并用手锥补扎气泡、子口部位及其他穿刺机未穿的部位(1 分),胶片气泡产生的明显缺料处补上与该部位相同胶料的胶片,并压实(1 分)。(3)发现囊坯有缺胶、接头开裂等缺陷要及时进行修补、压实(1 分),有异常情况及时报告(1 分)。

25. 答:(1)停机较长的电机及重要电机的启动,要与电工联系进行绝缘和电气部分的检查:清洁卫生、螺丝松紧如何、检查接地线(2 分)。(2)电机外部检查(1 分)。(3)用手盘车,防止定子和转子之间有卡住的现象(2 分)。(4)电动机处于热状态时只允许启动一次,冷状态下允许连续启动三次(2 分)。(5)要求轻负荷启动(1 分)。(6)当电动机自动跳闸后,要查清原因,排除故障,然后再启动(2 分)。

26. 答:(1)减少备件储备,从而减少资金的占用,能取得节约的效果(3 分)。(2)减少更换件制造,有利于缩短设备停修时间,提高设备利用率(2 分)。(3)减少制造工时,节约原材料,大大降低修理费用(2 分)。(4)利于新技术修复失效零件还可以提高零件的某些性能,延长零件使用寿命(3 分)。

27. 答:链传动是属于带有中间绕性件的啮合传动(2 分)。与属于摩擦传动的带传动相比，链传动无弹性滑动和打滑现象，因而能保持准确的平均传动比，传动效率高(2分)；又因链条不需要像带那样张得很紧，所以作用于轴上的径向压力较小(2分)；在同样使用条件下，链传动结构较为紧凑。同时链传动能在高温及速度较低的情况下工作(2分)。与齿轮传动相比，链传动的制造与安装精度要求较低，成本低廉；在远距离传动时，其结构比齿轮传动轻便的多(2分)。

28. 答：成型设备润滑工作是为了减缓磨损(2分)，提高设备效率(2分)，降低动力消耗(2分)，延长设备的使用寿命(2分)，保证设备安全运行和正常生产(2分)。

29. 答：对设备的关键部位进行技术状态检查和监视(3分)，了解设备在运行中的声音、动作、振动、温度压力等是否正常(5分)，对设备进行必要的维护和调整(2分)。

30. 答：(1)整齐：工具、工件、附件放置整齐，安全防护装置齐全，线路管道安全完整(3分)；(2)清洁：设备内外清洁，无油垢，无碰伤，无渗漏(2分)；(3)润滑：按时加换油，油表清洁，油路畅通(2分)；(4)安全：实行定人定机制度，熟悉设备结构，遵守操作规程，合理使用，精心维护，监测异状，不出事故(3分)。

31. 答：链传动的主要缺点是：在两根平行轴间只能用于同向回转的传动(2分)；运转时不能保持恒定的传动比(2分)；磨损后易发生跳齿(2分)；工作时有噪声(2分)；不宜在载荷变化很大和急速反向的传动中应用(2分)。

32. 答：(1)对直径较大的螺钉，可用扁铲或样冲沿其外缘反向剔出(2分)。(2)在螺钉上钻一个孔，契入一个多角的钢杆，即可旋下(2分)。(3)在螺钉上钻一个孔，攻螺纹，用反扣螺钉拧出来(2分)。(4)若是断头螺钉有一部分在外，可以在螺钉上焊一个螺母，再扳动这个螺母取出螺钉；也可以加上一个垫圈，再焊上圆棒，旋转圆棒即可拆下螺钉(2分)。(5)在无法取出而结构和位置又允许的情况下，用直径大于螺纹直径的钻头把螺纹钻掉，重打螺纹孔(2分)。

33. 答：保持产品的可追溯性(5分)，便于追溯半成品有效期及质量情况(5分)。

34. 答：检查各紧固件有无松动(1分)；检查接头、管路等是否泄漏(1分)；检查压缩空气压力是否在规定的0.3～0.6 MPa限额内(2分)；检查各润滑点是否满足润滑要求(2分)；检查轴承、电机、减速机运行声音是否正常(2分)；检查压辊动作是否正常，扣圈动作是否准确(1分)；机器停机后切断电源、气源，清除所有杂物(1分)。

35. 答：由车间保存(5分)，保存期10年(5分)。

橡胶成型工(中级工)习题

一、填 空 题

1. 氧化物是指(　　)元素与另外一种化学元素组成的二元化合物。

2. 氧化物构成中只含两种元素，其中一种一定为氧元素，若另一种若为金属元素，则称此类氧化物为(　　)。

3. 跟酸起反应，生成盐和水的氧化物，叫作(　　)。

4. 某些极性橡胶，如氯丁橡胶、卤化丁基橡胶等，可以使用(　　)氧化物作为硫化剂。

5. 酸在化学中狭义的定义是：在水溶液中电离出的阳离子全部都是(　　)的化合物。

6. 在化学上，广义的盐是由阳离子与阴离子所组成的(　　)的离子化合物。

7. 酸和碱互相交换成分，生成盐和水的反应叫作(　　)反应。

8. 一般天然橡胶中含橡胶烃的比例为(　　)。

9. 丙酮抽出物是指橡胶中能溶于(　　)的物质。

10. 丙酮抽出物主要是由胶乳中留下的类酯及其(　　)构成。

11. 天然橡胶中的(　　)主要是磷酸镁、磷酸钙等盐类以及很少量的铜、锰、铁等金属化合物。

12. 天然橡胶中的灰分会促进橡胶(　　)。

13. 三叶橡胶树产天然胶可分为(　　)、特种类、改性类。

14. 通用天然橡胶有两种分级方法，一种是按(　　)分级，另一种是按理化指标分级。

15. 烟片胶以外观质量分，国家标准分有五级，其中(　　)质量最高。

16. 影响橡胶材料与制品测试的主要因素有试样、(　　)和测试环境温度和湿度。

17. 可塑度的测试是用(　　)的方法测定胶料流动性大小。

18. 门尼黏度的测试是以(　　)的方法测定胶料流动性大小。

19. 用门尼黏度计测定的焦烧时间称为(　　)。

20. 胶料硫化特性的测试可以迅速、精确地测出胶料(　　)过程中的主要特征。

21. 硫化胶的(　　)是指试样扯断时单位面积上所受负荷的大小。

22. 橡胶的(　　)性能是橡胶材料最基本的力学性能。

23. 橡胶的(　　)是指其抵抗外力压入的能力。

24. 磨耗是橡胶表面受到(　　)的作用而使橡胶表面发生磨损脱落的现象。

25. 具有相对生产效率较高，可塑度均匀，胶料可获得较高的可塑度等优点的塑炼方法是(　　)。

26. 橡胶硫化后自黏性变化是变(　　)。

27. 塑炼的目的主要是便于(　　)。

28. 橡胶分析检测中，当需要精确测量试样质量时，用带有水平跨架的(　　)测试。

29. 硫化橡胶的邵氏 A 硬度使用(　　)型硬度计进行测量。

30. 门尼黏度实验所使用的是(　　)型门尼黏度计。

31. 拉伸性能试验试样裁切的方向,应保证其拉伸受力方向与(　　)方向一致。

32. 测定橡胶密度的样表面应光滑,不应有裂纹及灰尘,质量至少为(　　)g。

33. 橡胶测试试样调节的标准温度应为(　)℃±2 ℃。

34. 橡胶测试试样调节在亚热带地区也可以在(　　)℃±2 ℃的温度下进行试验,但只能作为内部控制质量的暂用温度。

35. 除非在相应橡胶评估程序中另有规定,试验室开放式炼胶机标准批混炼量应为基本配方量的(　　)倍。

36. 测定橡胶硬度时,按照标准规定加弹簧试验力使压足和试样表面紧密接触,当压足和试样紧密接触后,对于热塑性橡胶标准弹簧试验力保持时间为(　　)秒。

37. 测定橡胶硬度时,按照标准规定加弹簧试验力使压足和试样表面紧密接触,当压足和试样紧密接触后,对于硫化橡胶标准弹簧试验力保持时间为(　)秒。

38. 橡胶密度试验时,每个样品至少应做两个试样,试验结果取两个试样的(　　)。

39. 用厚度计测量拉伸性能哑铃状试样标距内的厚度时,应测量三点:一点在试样工作部分的中心处,另两点在两条标线的附近,取三个测量值的(　)为工作部分的厚度值。

40. 感应电流所产生的磁通总是企图(　　)原有磁通的变化。

41. 在导体中的电流,越接近于导体表面,其电流(　　),这种现象叫集肤效应。

42. 阻值不随外加电压或电流的大小而改变的电阻叫(　　)。

43. 磁电子仪表只能用来测量(　　),且使用时要注意通电。如想用其测量极性,必须配上整流器组子仪表。

44. 我国交流电的频率为 50 Hz,其周期为(　　)秒。

45. 半导体二极管的正向交流电阻比正向直流电阻两者(　)。

46. 电路主要由负载、线路、电源和(　　)组成。

47. 实验资料表明,对不同的人引起感觉的最小电流是不一样的,成年男性平均约为 1.01 mA,成年女性约为 0.7 mA,这一数值称为(　　)。

48. 仪表的(　　),指的是仪表测量值与真值接近的准确程度,又称精度。

49. 电流互感器的准确度 D 级是用于接(　　)的电路。

50. 仪表可靠性是化工企业仪表专业重点关心的另一重要性能指标,仪表可靠性和仪表维护量是成反比的,仪表可靠,则仪表维护量就小。通常用(　　)来描述仪表可靠性,其数值越大,越可靠。

51. 电气图中,凡尺寸单位不用(　　)的必须另外注明。

52. 空气弹簧气囊帘布成型工艺中,接缝方法通常有搭接和(　　)。

53. 空气弹簧气囊扣钢丝圈之前要先将帘布筒进行(　　),使其紧贴鼓面不得翘起。

54. 空气弹簧气囊帘布反包完毕后,要用(　　)将子口部位压实,气泡扎尽,折子展平。

55. 轨道空气弹簧气囊根据结构形式的不同,有(　　)、小曲囊和腰带式三种。

56. 无折子、(　　)、无杂物、无断线,被统称为空气弹簧气囊囊坯的“四无”。

57. 轨道空气弹簧气囊成型第一层与密封胶贴合的帘布层接头压线允许(　　)根。

58. 覆盖胶正、(　　)、钢丝圈正、密封胶正,被统称为空气弹簧气囊囊坯的“四正”。

59. 轨道空气弹簧气囊内胶接头宽度为(　　) mm。

60. 把已制成的空气弹簧气囊半成品放入各部件组合成一个整体的工艺过程称为空气弹簧气囊的(　　)。

61. 空气弹簧气囊(　　)的用途是将帘布、钢丝圈、包布、胎面等各种部件贴合加工成空气弹簧气囊胎坯。

62. 空气弹簧气囊成型过程中,用(　　)滚压两侧胎圈胶芯。

63. 空气弹簧气囊成型整个囊胚不仅要做到"四无",而且要做到"(　　)"。

64. 空气弹簧气囊成型所用的半成品有胶片、(　　)、钢丝圈等。

65. 空气弹簧气囊的胶片接头必须(　　)、修齐、压实、压牢。

66. 空气弹簧气囊用胶帘布的幅宽为采购帘布标识上数值±(　　) mm。

67. 大曲囊空气弹簧气囊帘布接头不允许重合,层与层之间接头不得有"(　　)"字型。

68. 空气弹簧气囊成型过程中,帘布有折子要启开(　　)。

69. 空气弹簧大曲囊气囊成型过程中,帘布贴合时要(　　)压实。

70. 空气弹簧腰带式气囊腰带包胶过程中,胶片要按(　　)的先后顺序使用。

71. 空气弹簧大曲囊气囊成型过程中,差级 5 mm 以下的允许偏歪值为(　　)mm。

72. 空气弹簧大曲囊气囊成型过程中,差级 5～30 mm 的允许偏歪值为(　　)mm。

73. 空气弹簧大曲囊气囊成型过程中,差级大于 30 mm 的允许偏歪值为(　　)mm。

74. 空气弹簧大曲囊气囊成型过程中,帘布筒表面要做到"(　　)"。

75. 空气弹簧小曲囊气囊成型过程中,囊坯表面要做到"(　　)"和"四无"。

76. 空气弹簧腰带式气囊成型过程中,囊坯表面要做到"(　　)"和"四正"。

77. 空气弹簧大曲囊气囊成型过程中,接头出角要小于(　　)mm。

78. 空气弹簧大曲囊气囊成型过程中,大头小尾要小于(　　) mm。

79. 若单根钢丝的直径为 0.95 mm,挂胶后的直径为 1.3 mm,则空气弹簧大曲囊气囊钢丝圈的总宽度为(　　)×根数±0.5 mm。

80. 若单根钢丝的直径为 0.95 mm,挂胶后的直径为 1.3 mm,则空气弹簧大曲囊气囊钢丝圈的总厚度为(　　)×根数±0.5 mm。

81. 空气弹簧大曲囊气囊成型后刺孔的目的是让汽油等(　　)充分地挥发。

82. 空气弹簧小曲囊气囊成型后刺孔的目的是避免定型时气泡或(　　)。

83. 每件空气弹簧气囊用腰带在成型使用前均应进行(　　)。

84. 成型完毕的空气弹簧气囊用腰带在指定位置挂好,并悬挂(　　)。

85. 空气弹簧腰带式气囊的腰带包布要求无(　　)、无气泡、无脱空。

86. 空气弹簧大曲囊气囊的钢丝圈包布要求无(　　)、无气泡、无脱空。

87. 空气弹簧小曲囊气囊成型过程中,接头出角要小于(　　)mm。

88. 空气弹簧小曲囊气囊成型过程中,大头小尾要小于(　　)mm。

89. 若单根钢丝的直径为 0.96 mm,挂胶后的直径为 1.3 mm,则空气弹簧小曲囊气囊钢丝圈的总宽度为(　　)×根数±0.5 mm。

90. 若单根钢丝的直径为 0.96 mm,挂胶后的直径为 1.3 mm,则空气弹簧小曲囊气囊钢丝圈的总厚度为(　　)×根数±0.5 mm。

91. 大曲囊气囊三角胶芯的贴合要求无(　　),不翘起,无缺空。

92. 空气弹簧腰带式气囊的骨架有(　　)和钢丝圈。

93. 空气弹簧腰带式气囊腰带表面轻微的漏铜可以涂刷(　　)处理。

94. 空气弹簧小曲囊气囊成型过程中,汽油的作用是清洁各部件的接触面,保持接触面(　　)。

95. 空气弹簧大曲囊成型过程中,若钢丝圈错位,重扣后要用(　　)压实后方可反包。

96. 空气弹簧气囊成型过程中刷汽油,对提高胶料之间的(　　)有利。

97. 空气弹簧大曲囊成型过程中,若钢丝圈错位应取下(　　)。

98. 空气弹簧腰带式气囊有外胶、内胶和骨架层组成。其中起保护作用的主要是(　　)。

99. 若单根钢丝的直径为 0.95 mm,挂胶后的直径为 1.3 mm,则空气弹簧腰带式气囊钢丝圈的总宽度为(　　)×根数±0.5 mm。

100. 若单根钢丝的直径为 0.95 mm,挂胶后的直径为 1.3 mm,则空气气囊腰带式气囊钢丝圈的总厚度为(　　)×根数±0.5 mm。

101. 空气弹簧腰带式气囊贴增强层时,角度要与囊体帘布(　　)排列。

102. 空气弹簧大曲囊气囊的外胶主要起(　　)作用。

103. 空气弹簧小曲囊气囊三角胶芯的接头为(　　)。

104. 空气弹簧腰带式气囊的胶片接头必须(　　)、修平、压实、压牢。

105. 空气弹簧大曲囊气囊成型扣正钢丝圈后,反包需靠近钢丝圈(　　)将帘布翻起。

106. 空气弹簧大曲囊气囊的内层胶主要起(　　)作用。

107. 空气弹簧大曲囊气囊成型过程中,差级重叠会导致成品使用过程中该处的(　　)集中过大。

108. 大曲囊气囊成型过程中,汽油涂刷过多,不易挥发,会带来(　　)、气泡等隐患。

109. 空气弹簧小曲囊气囊三角胶芯的贴合要求无(　　),不翘起,无缺空。

110. 空气弹簧腰带式气囊成型过程中,差级集中会导致成品使用过程中该处的(　　)集中过大。

111. 空气弹簧气囊用胶片裁断过程中,所裁帘布的规格必须符合相应的(　　)卡片的要求。

112. 空气弹簧大曲囊气囊成型过程中,汽油的作用是(　　)各部件的接触面。

113. 空气弹簧气囊用三角胶芯接头要求对接,不得(　　)。

114. 空气弹簧大曲囊气囊帘布第二层接头压线为(　　)根。

115. 空气弹簧腰带式气囊帘布第三层接头压线为(　　)根。

116. 空气弹簧小曲囊气囊帘布第四层接头压线为(　　)根。

117. 腰带式气囊成型过程中,汽油涂刷过多,不易挥发,会带来(　　)、脱层等隐患。

118. 空气弹簧气囊成型机设备用的机头有(　　)成型机头和锥形成型机头。

119. 空气弹簧气囊成型机设备的控制采用 PLC 自动控制和(　　)技术,能进行手动和程序控制操作。

120. 为了安装使用的方便,空气弹簧成型机设置了(　　)底座。

121. 空气弹簧气囊成型机头采用的是(　　)收缩轮胎成型机头。

122. 空气气囊成型机机头的折叠是由一对同步(　　)机构来实现张叠的。

123. 在空气弹簧成型机头外侧,与底座平面成 40°倾斜角设有(　　)。

124. 为使空气弹簧成型机装置灵活可靠、安全耐用,后压辊座的移动由(　　)来完成。

125. 空气弹簧成型机压辊的工作速度和空车回位速度可通过设置(　　)调速,适用不同规格和工艺成型的要求。

126. 空气弹簧成型设备进行安全检查的含义,一是预知危险,二是(　　)危险。

127. 空气弹簧自动反包成型机的正包设置参数有指形片延时和(　　)延时。

128. 检修后的设备在进行试车操作前,要做好(　　)准备。

129. 作为空气弹簧成型机 PLC 系统的耳目,(　　)是成型机各动作执行情况的唯一信息来源。

130. 空气弹簧气囊成型设备在使用过程中的布料定位都是采用(　　)实现的。

131. 空气弹簧气囊自动反包成型机的回转台在进行摆入摆出动作时,必须满足(　　)和大扣圈后退到位。

132. 空气弹簧气囊自动反包成型机的小扣圈在进行前进后退操作时,大扣圈必须(　　)到位。

133. 空气弹簧气囊一段成型机是以贴合和(　　)为一体的结构形式。

134. 空气弹簧气囊自动反包成型机设备是采用指形正包和气囊(　　)的结构。

135. 空气弹簧气囊成型机的主机采用(　　)控制,保证了贴合的精度和涨鼓径向尺寸。

136. 空气弹簧气囊成型机系统可实现参数修改,具备设备故障诊断和(　　)功能。

137. 空气弹簧气囊成型机的所有装置在同一直线(　　)上,以确保整机主副轴各部分机构的同心性。

138. 空气弹簧气囊成型机采用伺服电机控制滚珠(　　)的方式实现径向伸缩的尺寸。

139. 空气弹簧小曲囊气囊成型鼓和大曲囊气囊贴合鼓采用(　　)收缩结构。

140. 空气弹簧气囊成型机的主轴和芯轴动作由一个伺服电机驱动,通过(　　)传动至芯轴。

141. 空气弹簧成型鼓和(　　)采用伺服电机驱动,精确控制行进距离和角度。

142. 空气弹簧气囊成型机主机(　　)可对成型中各部件实行正反包压合。

143. 空气弹簧气囊成型机主机采用柔性(　　)和气缸缓冲式结构的下压辊实现帘布的压合。

144. 由于空气弹簧气囊帘布在贴合时帘布的宽度大于成型鼓的宽度,因此在平压辊的两端装有(　　),用于空气弹簧气囊成型鼓外帘布的压合。

145. 空气弹簧气囊一段成型机的供料架一般采用 5 层 6 工位(　　)供料架。

146. 空气弹簧气囊一段成型机供料架中,每层帘布通过(　　)托盘给成型机头供料。

147. 空气弹簧气囊成型机的(　　)保证钢丝圈的底部完全与半成品压合紧密。

148. 空气弹簧气囊成型设备中主副轴两侧为单气囊加助推环(　　)装置,完成对囊胚的反包。

149. 空气弹簧气囊成型设备在投入生产前必须加装(　　)装置,以确保操作人员的安全。

150. 空气弹簧气囊成型设备检修的重点是设备的(　　)部分。

151. 空气弹簧气囊囊胚编号范围是每班成型囊胚的(　　)编号。

152. 空气弹簧气囊囊胚成型记录中检验结果由(　　)或专检人员填写。

153. 空气弹簧气囊囊胚成型记录中的帘布编号应为每批次帘布的(　　)日期。

154. 空气弹簧气囊囊胚成型记录中的内胶、外胶编号是指胶片的(　　)批次。

155. 空气弹簧气囊成型交接班记录应由交班人如实填写,(　　)核实无误后签字确认。

156. 空气弹簧气囊成型的计划产量根据单件产品的(　　)确定。

157. 空气弹簧气囊成型的合格产量与计划产量的比值为(　　)。

158. 空气弹簧气囊成型的计划产量在(　　)记录中体现。

159. 空气弹簧气囊成型中,(　　)工时是实际操作时间。

160. 空气弹簧气囊成型产品合格率是各规格合格数量除以(　　)数量得到的。

161. 空气弹簧气囊囊胚内外质量记录表中记录了产品合格率,它的保存期限为(　　)年。

162. 空气弹簧气囊囊胚内外质量记录表中记录的缺陷名称是指(　　)卡片中规定的所有缺陷。

163. 空气弹簧气囊腰带成型的计划产量在(　　)记录中体现。

164. 空气弹簧气囊腰带成型中,(　　)工时是实际操作时间。

165. 空气弹簧气囊成型工具领用或使用时应做(　　)。

166. 对空气弹簧气囊成型工具的使用进行记录的目的是为了(　　)产品可能因工具原因导致的质量问题。

二、单项选择题

1. 酸性氧化物大多数能跟水直接化合生成(　　)。

(A)含氧酸　(B)强碱　(C)酸酐　(D)不确定

2. 能跟酸起反应,生成(　　)和水的氧化物叫碱性氧化物。

(A)碱　(B)盐　(C)氧化物　(D)不确定

3. 碱的水溶液的 pH 值(　　)7。

(A)大于　(B)小于　(C)等于　(D)无法确定

4. 炉法炭黑呈(　　)。

(A)碱性　(B)酸性　(C)中性　(D)以上皆错

5. 槽法炭黑呈(　　)。

(A)碱性　(B)酸性　(C)中性　(D)以上皆错

6. 碳酸钙是橡胶常用的填料,它是一种(　　)。

(A)酸　(B)碱　(C)盐　(D)有机物

7. 橡胶配方中使用的硬脂酸是一种(　　)。

(A)无机酸　(B)有机酸　(C)强酸　(D)不确定

8. 天然橡胶新鲜胶乳中含有两种蛋白质,一种是 α 球蛋白,另一种是(　　)。

(A)β 球蛋白　(B)橡胶蛋白　(C)脂肪　(D)以上皆错

9. 天然橡胶中含有卵磷脂,它可以使橡胶的硫化速度(　　)。

(A)加快　(B)减慢　(C)无影响　(D)不确定

10. 天然橡胶中含有甾醇,它在橡胶中有(　　)作用。

(A)防老化　(B)促进硫化　(C)补强　(D)导电

11. 通用天然橡胶的分级方法中,下面说法错误的是(　　)。
(A)有两种分级方法,按外观质量分级和按理化指标分级
(B)烟片胶是按外观质量分级的
(C)按外观质量分级的方法比按理化指标分级更科学
(D)标准橡胶是按理化指标分级的
12. 烟片胶以外观质量分级,国家标准分为五级,其中(　　)质量最高,以后质量逐级下降。
(A)一级　(B)五级　(C)三级　(D)四级
13. 标准天然橡胶,也叫颗粒胶,是按(　　)分级的橡胶。
(A)理化指标　(B)外观质量　(C)产地　(D)其他
14. 门尼黏度的测试是以(　　)的方式来测定胶料流动性大小的一种试验。
(A)压缩　(B)转动　(C)拉伸　(D)其他
15. 可塑度的测试是以(　　)的方式来测定胶料流动性大小的一种试验。
(A)压缩　(B)转动　(C)拉伸　(D)其他
16. 扯断伸长率是指橡胶试样扯断时,(　　)与原长度的比值。
(A)伸长部分　(B)扯断时总长度
(C)扯断后恢复 3 min 后的长度　(D)其他
17. 扯断永久变形是指橡胶试样扯断时,(　　)与原长度的比值。
(A)伸长部分　(B)扯断时总长度
(C)扯断后恢复 3 min 后的不可恢复的长度　(D)其他
18. 磨耗是橡胶表面受到(　　)的作用而使橡胶表面发生磨损脱落的现象。
(A)撕裂力　(B)压力　(C)拉伸力　(D)摩擦力
19. 国际标准化组织推荐使用(　　)磨耗测试方法作为国际标准。
(A)DIN　(B)阿克隆　(C)皮克　(D)MNP-1
20. 曲挠龟裂试验是橡胶(　　)性能的一种试验方法。
(A)拉伸　(B)老化　(C)疲劳　(D)低温
21. 更能反应产品的实际使用性能的是(　　)测试。
(A)蠕变　(B)冲击弹性　(C)应力松弛　(D)动态黏弹
22. 在胶料中主要起增容作用,即增加制品体积,降低制品成本的物质称为(　　)。
(A)增黏剂　(B)填充剂　(C)软化剂　(D)促进剂
23. 作为通用橡胶中弹性最好的一种橡胶,(　　)具有较好的弹性。
(A)标准胶　(B)烟片胶　(C)丁苯橡胶　(D)顺丁橡胶
24. 硫化是橡胶工业生产加工的最后一个工艺过程。在这过程中,橡胶发生了一系列的化学反应,使之变为(　　)的橡胶。
(A)线形状态　(B)支链状态　(C)平面网状　(D)立体网状
25. 门尼黏度测定时使用的大转子尺寸为(　　)。
(A)38.1 mm±0.03 mm　(B)38.1 mm±0.05 mm
(C)30.48 mm±0.03 mm　(D)30.48 mm±0.02 mm
26. 门尼黏度实验所使用的仪器门尼黏度计属于(　　)。

(A)压缩型 (B)转动型 (C)压出型 (D)流变型

27. 撕裂强度试验每个样品至少需要( )试样。

(A)3 个 (B)4 个 (C)5 个 (D)6 个

28. 浸泡后的拉伸性能试验在恒定温度下浸泡规定的时间，然后除去试样表面上的液体，在室温空气中停放( )后，在试样的狭小平行部分印上工作标线，测定试样浸泡后的拉伸强度、扯断伸长率。

(A)15 分钟 (B)20 分钟 (C)25 分钟 (D)30 分钟

29. 浸泡后的拉伸性能试验，如果试验液体是易挥发的，试样从试验液体中取出，不需洗涤，直接用滤纸擦拭试样表面 30 s 后，立刻印上标线，并在( )时间内完成拉伸试验。

(A)15 min (B)20 min (C)25 min (D)30 min

30. 老化试验时，到规定时间取出的试样按 GB/T 2941 的规定进行环境调节最短时间为( )。

(A)8～96 h (B)16～96 h (C)16～144 h (D)244 h

31. 使用邵氏 A 型硬度计测定橡胶试样硬度时，试样的厚度至少( )。

(A)2 mm (B)4 mm (C)6 mm (D)8 mm

32. 使用邵氏 A 型硬度计测定橡胶试样硬度时，试样应在标准实验室温度下调节至少( )。

(A)4 h (B)3 h (C)2 h (D)1 h

33. 热氧老化试验中，试样至少距离老化箱壁( )。

(A)10 mm (B)50 mm (C)80 mm (D)100 mm

34. 照标准规定加弹簧试验力使压足和试样表面紧密接触，当压足和试样紧密接触后，在规定的时刻读数。对于硫化橡胶标准弹簧试验力保持时间为( )。

(A)1 s (B)2 s (C)3 s (D)4 s

35. 除非在相应橡胶评估程序中另有规定，试验室开放式炼胶机标准批混炼量应为基本配方量的( )。

(A)1 倍 (B)2 倍 (C)3 倍 (D)4 倍

36. 用德墨西亚类型试验机进行裂口增长试验，试验前测量割口的初始长度，开动试验机，每屈挠一定的次数停机测量裂口的长度，每次测量时应把两夹持器分离到( )的距离，最好借助低倍率放大镜测量裂口的长度。

(A)80 mm (B)75 mm (C)70 mm (D)65 mm

37. 电荷的基本单位是( )。

(A)安秒 (B)安培 (C)库仑 (D)千克

38. 1 安培等于( )。

(A)10^3 微安 (B)10^6 微安 (C)10^9 微安 (D)10^2 微安

39. 两只额定电压相同的电阻串联接在电路中，其阻值较大的电阻发热( )。

(A)相同 (B)较大 (C) 较小 (D)不确定

40. 电流的大小用电流强度来表示，其数值等于单位时间内穿过导体横截面的( )代数和。

(A)电流 (B)电量(电荷) (C)电流强度 (D)功率

41. 变压器运行中的电压不应超过额定电压的(　　)。
(A)±2.0%　(B)±2.5%　(C)±5%　(D)±10%
42. 当参考点改变时,电路中的电位差是(　　)。
(A)变大的　(B)变小的　(C)不变化的　(D)无法确定的
43. 下列属于安全电压的是(　　)。
(A)220 V　(B)380 V　(C)45 V　(D)24 V
44. 要想保证工厂用电的安全,座地扇、手电钻等移动式用电设备就一定要安装使用(　　)。
(A)接地保护　(B)漏电保护开关　(C)绝缘电缆　(D)不确定
45. 仪表按信号可分为模拟仪表和(　　)。
(A)压力仪表　(B)自动化仪表　(C)数字仪表　(D)其他
46. 随着电子技术发展,表传动机构的间隙、运动部件的摩擦、弹性元件的滞后等影响将越来越少,特别是智能仪表中,(　　)作为仪表性能指标已是不重要的对象。
(A)精确度　(B)可靠性　(C)重复性　(D)变差
47. 仪表在外部条件保持不变情况下,被测参数由小到大变化和由大到小变化不一致的程度,两者之差即为仪表的(　　)。
(A)精确度　(B)可靠性　(C)重复性　(D)变差
48. 空气弹簧气囊成型过程中,使用(　　)对帘布厚度进行测量。
(A)直尺　(B)测厚仪　(C)游标卡尺　(D)钢板尺
49. 空气弹簧气囊成型机头周长公差为±(　　)。
(A)2 mm　(B)3 mm　(C)1 mm　(D)4 mm
50. 空气弹簧气囊所用的胶片压延后停放时间不得少于(　　)。
(A)8 h　(B)10 h　(C)1 h　(D)4 h
51. 空气弹簧气囊帘布贴合时要(　　)压实。
(A)层层　(B)隔层　(C)一次　(D)视具体情况而定
52. 差级 5 mm 以下的空气弹簧气囊帘布贴合单层偏歪值≤(　　)。
(A)4 mm　(B)3 mm　(C)5 mm　(D)6 mm
53. 空气弹簧气囊成型扯帘布时要采用(　　)。
(A)抽线法　(B)刀裁法　(C)扯开法　(D)直接撕裂法
54. 对修整完毕的空气弹簧气囊囊坯要用(　　)在内部书写规格、成型时间等相关信息。
(A)蜡笔　(B)中性笔　(C)圆珠笔　(D)记号笔
55. 以下不属于空气弹簧气囊囊坯要求的“四无”的有(　　)。
(A)无折子　(B)无掉胶　(C)无杂物　(D)无接头
56. 空气弹簧气囊按成型方法分为一段成型法和(　　)。
(A)多段成型法　(B)二段成型法　(C)三段成型法　(D)四段成型法
57. 以下不属于空气弹簧气囊直接使用的半成品的是(　　)。
(A)胶帘布　(B)钢丝圈　(C)胶片　(D)混炼胶
58. 成型完毕的大曲囊空气弹簧气囊囊坯存放一般为(　　)。
(A)卧放于布兜中　(B)大口朝上存放　(C)小口朝上存放　(D)无特殊要求

59. 斜交胎半鼓式成型机一般采用(　　)成型法。
(A)套筒法　(B)层贴法　(C)一般成型法　(D)分层成型法
60. 空气弹簧气囊的外胶胶料主要要求是(　　)。
(A)耐龟裂　(B)耐脏　(C)耐水　(D)以上说法都不对
61. 空气弹簧气囊成型内胶要求厚度(　　),准确。
(A)均匀　(B)厚　(C)薄　(D)适中
62. 空气弹簧气囊成型护胶要求厚度(　　),准确。
(A)均匀　(B)厚　(C)薄　(D)适中
63. 以下环境温度属于合适的空气弹簧气囊成型温度的是(　　)。
(A)10 ℃　(B)20 ℃　(C)17 ℃　(D)50 ℃
64. 以下空气弹簧气囊用钢丝圈周长公差符合要求的有(　　)。
(A)5 mm　(B)4 mm　(C)3 mm　(D)2 mm
65. 以下空气弹簧气囊用帘布裁断大头小尾合格的有(　　)。
(A)8 mm　(B)5 mm　(C)1 mm　(D)7 mm
66. 以下空气弹簧气囊用帘布裁断接头出角合格的有(　　)。
(A)8 mm　(B)5 mm　(C)1 mm　(D)7 mm
67. 空气弹簧气囊成型,护胶宽度大于 50 mm 的,其宽度公差正确的有(　　)。
(A)±5 mm　(B)±3 mm
(C)+10 mm,−3 mm　(D)±7 mm
68. 空气弹簧气囊成型,护胶宽度大于 50 mm 的,其宽度公差正确的有(　　)。
(A)+5 mm　(B)±3 mm
(C)+10 mm,−3 mm　(D)+7 mm
69. 空气弹簧气囊胶帘布角度公差为±(　　)。
(A)0.5°　(B)1°　(C)2°　(D)3°
70. 空气弹簧气囊内胶裁断后停放的过程中长度会(　　)。
(A)变长　(B)变短　(C)不变　(D)以上说法都不对
71. 空气弹簧气囊内胶裁断后停放的过程中宽度会(　　)。
(A)变大　(B)变小　(C)不变　(D)以上说法都不对
72. 若空气弹簧气囊帘布层与层之间的差级为 25 mm,则差级的公差要求为±(　　)。
(A)5 mm　(B)10 mm　(C)3 mm　(D)6 mm
73. 以下空气弹簧气囊囊坯质量缺陷不允许修理的有(　　)。
(A)外胶折子　(B)钢丝圈硬弯　(C)胶片气泡　(D)帘布层与层之间气泡
74. 以下空气弹簧气囊囊坯质量缺陷允许修理的有(　　)。
(A)外胶折子　(B)钢丝圈硬弯　(C)钢丝圈松散　(D)钢丝圈严重偏歪
75. 以下质量缺陷不可以直接目测测量的有(　　)。
(A)外胶折子　(B)内胶折子　(C)帘线割断　(D)差级偏歪
76. 以下成型质量缺陷可以直接目测测量的有(　　)。
(A)外胶折子　(B)帘布筒反包偏歪值
(C)钢丝圈偏歪值　(D)增强层偏歪值

77. 大卷胶帘布的幅宽为采购帘布标识上数值±(　　)。

(A)20 mm　(B)30 mm　(C)15 mm　(D)50 mm

78. 以下空气弹簧气囊用压延后的胶帘布存放要求错误的是(　　)。

(A)室温不能低于 18 ℃　(B)直接堆放在地上

(C)不能太阳下暴晒　(D)周围环境保持清洁

79. 以下有关空气弹簧气囊成型用胶帘布质量的要求,正确的有(　　)。

(A)超过有效期的胶帘布,只要表面状态完好,可以正常使用

(B)成卷的胶帘布可以直接堆放在地上

(C)超期的胶帘布不能使用

(D)当成卷帘布放在架子上时,对地面等周围环境无要求

80. 空气弹簧气囊裁断后的胶帘布允许有轻微的劈缝,但不能超过(　　)根帘线的宽度。

(A)3 根　(B)1 根　(C)2 根　(D)5 根

81. 若空气弹簧气囊用帘布合格证上幅宽为 1 450 mm,则胶帘布幅宽合格的是(　　)。

(A)1 460 mm　(B)1 475 mm　(C)1 490 mm　(D)1 500 mm

82. 空气弹簧气囊成型过程中指示灯要求齐全、(　　)。

(A)清晰　(B)无辐射　(C)黑光　(D)以上说法都不对

83. 空气弹簧气囊增强层帘布表面不允许有(　　)。

(A)自硫胶疸　(B)胶

(C)小于 1 根帘线宽度的劈缝　(D)以上说法都不对

84. 以下空气弹簧气囊帘布贴合说法错误的有(　　)。

(A)要层层压实　(B)气泡要扎尽　(C)折子要展平　(D)要隔层压实

85. 以下减少硫化后空气弹簧气囊气泡发生几率的措施不正确的是(　　)。

(A)囊体加增强层　(B)气泡要扎尽　(C)折子要展平　(D)层层压实

86. 以下有关空气弹簧气囊内胶成型的质量表述不正确的有(　　)。

(A)要层层压实　(B)气泡要扎尽　(C)存放时间越长越好　(D)折子要展平

87. 以下有关空气弹簧气囊囊坯的"四正"表述错误的是(　　)。

(A)帘布筒正　(B)密封胶正　(C)脚踏开关正　(D)覆盖胶正

88. 空气弹簧气囊成型过程中,以下内胶接头宽度允许的是(　　)。

(A)5 mm　(B)2 mm　(C)3 mm　(D)4 mm

89. 小曲囊空气弹簧气囊外层胶主要起(　　)作用。

(A)保护　(B)气密层　(C)骨架　(D)承受外力

90. 小曲囊空气弹簧气囊内层胶主要起(　　)作用。

(A)保护　(B)气密层　(C)骨架　(D)承受外力

91. 小曲囊空气弹簧气囊帘布层主要起(　　)作用。

(A)保护　(B)气密层　(C)骨架　(D)以上说法都不对

92. 腰带式空气弹簧气囊外层胶主要起(　　)作用。

(A)保护　(B)气密层　(C)骨架　(D)承受外力

93. 腰带式空气弹簧气囊内层胶主要起(　　)作用。

(A)保护　(B)气密层　(C)骨架　(D)承受外力

94. 腰带式空气弹簧气囊帘布层主要起(　　)作用。
(A)保护　(B)气密层　(C)骨架　(D)以上说法都不对

95. 空气弹簧气囊成型有熟胶痘的内胶胶片(　　)。
(A)正常使用　(B)禁止使用
(C)胶痘面积小于 2 m^2 正常使用　(D)以上说法均不对

96. 以下腰带式空气弹簧气囊成型过程中的半成品缺陷可以修理的有(　　)。
(A)胶片折子　(B)胶片厚度超标　(C)帘线劈缝　(D)帘布厚度超标

97. 空气弹簧气囊成型过程中扣圈盘检验钢丝圈的自检频次为(　　)。
(A)全检　(B)50%抽检　(C)10%抽检　(D)30%抽检

98. 空气弹簧气囊裁断过程中,对胶帘布的活褶子需要用(　　)进行处理。
(A)水　(B)胶浆　(C)汽油　(D)手工拉伸

99. 腰带式空气弹簧气囊成型过程中,腰带宽度测量通常所使用的工具是(　　)。
(A)螺旋测微器　(B)测厚仪　(C)卷尺　(D)游标卡尺

100. 大曲囊空气弹簧气囊帘布接头不允许重合,层与层之间接头不得有"(　　)"字型。
(A)//　(B)井　(C)‖　(D)以上都不对

101. 小曲囊空气弹簧气囊帘线差级不允许(　　)。
(A)重叠　(B)均匀　(C)边部错开　(D)以上说法都不对

102. 腰带式空气弹簧气囊胶芯表面质量情况的测量方法为(　　)。
(A)放大镜　(B)显微镜　(C)目测　(D)数字分析仪

103. 对存放期内严重喷霜的空气弹簧气囊用增强层(　　)使用并报相关人员处理。
(A)禁止　(B)可以　(C)让步　(D)操作人员自己决定

104. 若成型后的空气弹簧气囊帘布筒表面有气泡,应该(　　)处理。
(A)报废　(B)刺破　(C)让步放行　(D)操作人员自己决定

105. 空气弹簧大曲囊气囊成型过程中,胶帘布的应该按(　　)的先后顺序使用。
(A)检查　(B)入库　(C)生产　(D)操作人员自己决定

106. 空气弹簧腰带式气囊腰带成型有熟胶痘的胶片(　　)。
(A)正常使用　(B)禁止使用
(C)胶痘面积小于 2 m^2 正常使用　(D)以上说法均不对

107. 对存放期内严重喷霜的空气弹簧用胶芯(　　)使用并报相关人员处理。
(A)禁止　(B)可以　(C)让步　(D)操作人员自己决定

108. 若空气弹簧大曲囊气囊成型过程中,差级为 10 mm,则以下偏歪值在合格范围内的有(　　)。
(A)5 mm　(B)11 mm　(C)15 mm　(D)16 mm

109. 若空气弹簧小曲囊气囊成型过程中,差级为 40 mm,则以下偏歪值在合格范围内的有(　　)。
(A)15 mm　(B)11 mm　(C)5 mm　(D)16 mm

110. 若空气弹簧小曲囊气囊成型过程中,差级为 4 mm,则以下偏歪值在合格范围内的有(　　)。
(A)15 mm　(B)11 mm　(C)2 mm　(D)16 mm

111. 空气弹簧大曲囊气囊成型有熟胶痘的胶片(　　)。
(A)正常使用　(B)禁止使用
(C)胶痘面积小于 2 m^2 正常使用　(D)以上说法均不对
112. 空气弹簧气囊成型过程中,半成品表面质量的自检频次为(　　)。
(A)全检　(B)50%抽检　(C)10%抽检　(D)30%抽检
113. 对空气弹簧气囊成型机设备故障率影响最大的人为因素是(　　)。
(A)设计不良　(B)制造不精　(C)检验不严　(D)使用不当
114. 设备修理拆卸一般应(　　)。
(A)先拆内部、上部　(B)先拆外部、下部
(C)先拆外部、上部　(D)先拆内部、下部
115. 从孔中拆卸滑动轴承衬套可用(　　)。
(A)加热拆卸　(B)压卸　(C)拉卸　(D)机卸
116. 空气弹簧气囊一段成型机的结构不包括(　　)。
(A)尾座　(B)供料架　(C)主电机　(D)调整瓦块
117. 空气弹簧气囊一段成型机的调整参数不包括(　　)。
(A)机头直径　(B)机头宽度　(C)压辊压力　(D)帘布宽度
118. 空气弹簧气囊一段成型机不需加装防护装置的是(　　)。
(A)机头　(B)脚踏开关　(C)电机　(D)传动部分
119. 空气弹簧气囊一段成型机设备的不安全因素不包括(　　)。
(A)机头卷伤　(B)尾座撞伤　(C)机头瓦块划伤　(D)机头砸落
120. 空气弹簧气囊一段成型机主轴的传动部分采用的是(　　)。
(A)齿轮传动　(B)带传动　(C)链传动　(D)蜗轮蜗杆传动
121. 空气弹簧气囊一段成型机检修项目中不包括(　　)。
(A)主电机　(B)下压辊　(C)后压辊　(D)机头
122. 关于空气弹簧气囊一段成型机检修的叙述,错误的是(　　)。
(A)检查更换 V 带　(B)检查更换制动套筒的衬套
(C)检查后压辊的导杆　(D)检查机头的瓦块是否错位
123. 空气弹簧气囊成型机中油封适用于工作压力(　　)的条件下对润滑油和润滑脂的密封。
(A)小于 0.3 MPa　(B)等于 0.3 MPa　(C)大于 0.3 MPa　(D)等于 0.5 MPa
124. 空气弹簧气囊成型设备中检修型面轨道导轨时,一般应更换(　　)。
(A)滑块　(B)滚动体　(C)导轨　(D)全部更换
125. 空气弹簧气囊成型设备中,当滑块在圆形导轨上运行时,必须使用(　　)导轨。
(A)1 根　(B)2 根　(C)3 根　(D)4 根
126. 空气弹簧二段成型机检修时,清洗一般的机械零件应优先选用(　　)为清洗剂。
(A)汽油　(B)煤油　(C)合成清洗剂　(D)四氯化碳
127. 空气弹簧气囊成型机的带传动是依靠(　　)来传递运动和功率的。
(A)带与带轮接触面之间的正压力　(B)带与带轮接触面之间的摩擦力
(C)带的紧边拉力　(D)带的松边拉力

128. 空气弹簧气囊成型设备中，相比平带而言，选用V带传动的优点是(　　)。
(A)传动效率高　(B)带的寿命长　(C)带的价格便宜　(D)承载能力大
129. 空气弹簧气囊成型设备中，机械组成的运动单元是(　　)。
(A)零件　(B)构件　(C)机构　(D)组件
130. 空气弹簧气囊成型设备中后压辊的压力值设定为(　　)。
(A)0.1 kPa　(B)0.2 kPa　(C)0.4 kPa　(D)0.5 kPa
131. 空气弹簧气囊二段成型机不需加装防护装置的是(　　)。
(A)控制面板　(B)脚踏开关　(C)电机　(D)传动部分
132. 空气弹簧气囊成型设备中使用的V带的截面为(　　)。
(A)矩形　(B)圆形　(C)梯形　(D)三角形
133. 空气弹簧气囊二段成型机设备的不安全因素不包括(　　)。
(A)机头卷伤　(B)尾座撞伤　(C)供料架划伤　(D)传动链条击伤
134. 空气弹簧气囊成型设备检修时，也应注意现场5S管理。其中，把需要的人、事、物加以定量、定位的是(　　)。
(A)整理　(B)整顿　(C)清扫　(D)清洁
135. 空气弹簧气囊成型设备使用过程中，操作不当和电磁干扰引起的故障属于(　　)。
(A)机械故障　(B)强电故障　(C)硬件故障　(D)软件故障
136. 下列不属于空气弹簧气囊二段成型机结构组成的是(　　)。
(A)尾座　(B)调整瓦块　(C)传动装置　(D)供料架
137. 空气弹簧气囊成型机设备中直线滚动导轨副的导轨具有(　　)截面。
(A)圆形　(B)方形　(C)梯形　(D)椭圆形
138. 关于空气弹簧气囊二段成型机检修的叙述，错误的是(　　)。
(A)检查更换V带　(B)检查更换制动套筒的衬套
(C)检查后压辊的导杆　(D)检查机头的瓦块是否错位
139. 空气弹簧气囊成型机设备中密封件只能适用于动密封的有(　　)。
(A)密封垫　(B)密封胶　(C)密封圈　(D)油封
140. 空气弹簧气囊成型机设备中安装油封的轴端应有倒角，其角度应为(　　)。
(A)10°～30°　(B)30°～50°　(C)50°～60°　(D)60°～70°
141. 空气弹簧气囊二段成型机主电机的传动部分采用的是(　　)。
(A)齿轮传动　(B)带传动　(C)链传动　(D)蜗轮蜗杆传动
142. 下列不属于空气弹簧气囊二段成型机的调整参数的是(　　)。
(A)机头直径　(B)机头宽度　(C)压辊压力　(D)帘布宽度
143. 空气弹簧一段成型机检修时，清洗一般的机械零件应优先选用(　　)为清洗剂。
(A)汽油　(B)煤油　(C)合成清洗剂　(D)四氯化碳
144. 下列关于空气弹簧气囊成型机调试的叙述错误的是(　　)。
(A)应做好调试前的准备工作　(B)调试时按技术要求进行
(C)调试过程应注意人员安全　(D)调试结束后即可投入生产
145. 下列不属于空气弹簧气囊二段成型机检修项目的是(　　)。
(A)机头　(B)传动装置　(C)压辊　(D)控制开关

146. 空气弹簧气囊囊胚成型记录的保存期限为(　　)年。
(A)4　　(B)6　　(C)8　　(D)10
147. 空气弹簧气囊囊胚成型记录应由(　　)部门保存。
(A)工艺　　(B)车间　　(C)人事　　(D)财务
148. 空气弹簧气囊囊胚成型记录中,钢丝圈编号应为每批次钢丝圈的(　　)日期。
(A)采购　　(B)进货　　(C)生产　　(D)使用
149. 空气弹簧气囊囊胚成型记录中,囊胚编号范围应为每(　　)成型囊胚的起止编号。
(A)天　　(B)人　　(C)班　　(D)以上皆错
150. 空气弹簧气囊成型中,合格数量与计划数量的比值为(　　)。
(A)计划完成率　　(B)合格率　　(C)劳产率　　(D)以上皆错
151. 空气弹簧气囊成型中,计划完成率的计算应以(　　)为分子。
(A)合格数量　　(B)计划数量　　(C)生产数量　　(D)以上皆错
152. 空气弹簧气囊成型中,(　　)工时为考虑了交接班等实际因素得到的工时。
(A)理论　　(B)实测　　(C)倒班　　(D)以上皆错
153. 空气弹簧气囊成型中,计划数量的计算应该以(　　)工时为基础计算。
(A)理论　　(B)实测　　(C)倒班　　(D)以上皆错
154. 空气弹簧气囊成型中,(　　)工时为工人实际操作时间。
(A)理论　　(B)实测　　(C)倒班　　(D)以上皆错
155. 空气弹簧气囊成型中,合格数量与生产数量的比值为(　　)。
(A)计划完成率　　(B)合格率　　(C)劳产率　　(D)以上皆错
156. 空气弹簧气囊成型中,合格数量与(　　)的比值为合格率。
(A)合格数量　　(B)计划数量　　(C)生产数量　　(D)以上皆错
157. 空气弹簧气囊成型中,合格率记录在(　　)中。
(A)交接班记录表　　(B)囊胚生产记录
(C)囊胚内外质量记录表　　(D)以上皆错
158. 空气弹簧气囊腰带成型中,计划完成率的计算应以(　　)为分子。
(A)合格数量　　(B)计划数量　　(C)生产数量　　(D)以上皆错
159. 空气弹簧气囊腰带成型中,计划数量的计算应该以(　　)工时为基础计算。
(A)理论　　(B)实测　　(C)倒班　　(D)以上皆错
160. 下列不属于空气弹簧气囊成型工具的是(　　)。
(A)汽油　　(B)刀片　　(C)剪刀　　(D)手压辊
161. 空气弹簧气囊成型中,下列(　　)工具为易耗品。
(A)汽油　　(B)刀片　　(C)机头　　(D)齿轮箱

三、多项选择题

1. 氧化物按照是否与水生成盐,以及生成的盐的类型可分为(　　)。
(A)酸性氧化物　　(B)碱性氧化物　　(C)两性氧化物　　(D)不成盐氧化物
2. 氧化物按照氧的氧化态可以分为(　　)。
(A)普通氧化物　　(B)过氧化物　　(C)超氧化物　　(D)臭氧化物

3. 橡胶硫化中常用的过氧化物有(　　)。
(A)烷基过氧化物　(B)二酰基过氧化物　(C)过氧酯　(D)过氧化氢
4. 氧化物通常可以用(　　)等来制备。
(A)金属直接燃烧　(B)还原法　(C)热分解法　(D)冷凝法
5. 橡胶中使用有机酸作为防焦剂的优缺点是(　　)。
(A)价格便宜　(B)仅对酸性促进剂起作用
(C)影响硫化速度　(D)不确定
6. 天然橡胶中非橡胶烃成分有(　　)。
(A)蛋白质　(B)丙酮抽出物　(C)灰分　(D)水分
7. 天然胶中蛋白质对橡胶制品有(　　)等益处。
(A)促进硫化　(B)延缓老化　(C)增强　(D)吸水性
8. 天然胶中蛋白质对橡胶制品有(　　)等负面影响。
(A)延缓老化　(B)吸水致绝缘性降低
(C)吸水发霉　(D)增加生热
9. 丙酮抽出物对橡胶的益处有(　　)。
(A)延缓老化　(B)促进硫化　(C)增强　(D)增加生热
10. 三叶橡胶树产天然胶可分为(　　)。
(A)通用类　(B)特种类　(C)改性类　(D)其他类
11. 通用天然橡胶分级有(　　)方法。
(A)按外观质量分级　(B)按理化指标分级
(C)按用途分级　(D)按产地分级
12. 影响橡胶材料与制品测试的主要因素有(　　)。
(A)试样制备和尺寸　(B)测试人员情绪
(C)测试环境温湿度　(D)试样状态调节
13. 硫化橡胶的拉伸性能包括拉伸强度和(　　)等。
(A)定伸应力　(B)扯断伸长率　(C)扯断永久变形　(D)撕裂强度
14. 硫化橡胶的静态黏弹性能测试有(　　)等几种方法。
(A)冲击弹性测试　(B)蠕变测试　(C)应力松弛测试　(D)动态测试
15. 硫化橡胶的老化性能测试包括但不限于(　　)。
(A)自然老化　(B)热空气老化　(C)臭氧老化　(D)湿热老化
16. 橡胶疲劳性能试验包括(　　)。
(A)压缩疲劳试验　(B)曲挠龟裂试验　(C)拉伸疲劳试验　(D)蠕变试验
17. 橡胶压缩永久变形测试方法有(　　)两种。
(A)恒定压缩永久变形　(B)静压缩变形
(C)疲劳压缩变形　(D)热压缩变形
18. 硫化橡胶的扩散与渗透性能测试主要有(　　)。
(A)透气性能测试　(B)透水性能及透湿性能测试
(C)真空放气率测试　(D)油扩散测试
19. 热炼的主要作用有(　　)。

(A)恢复热塑性　　(B)恢复流动性
(C)使胶料进一步均化　　(D)缩短硫化时间
20. 以下属于天然橡胶的是(　　)。
(A)丁苯橡胶　(B)风干橡胶　(C)颗粒橡胶　(D)氯丁橡胶
21. 胶料混炼不均的原因有(　　)。
(A)上顶栓压力太低导致浮坨　　(B)混炼胶排胶温度太低
(C)混炼时间太短　　(D)生胶存放时间过短
22. 影响塑炼的因素主要有(　　)。
(A)设备的技术性能 (B)工艺条件　(C)生胶的产地　(D)制造方法的不同
23. 造成混炼硬度过小的可能原因有(　　)。
(A)生胶多于配比　　(B)炭黑少于配比
(C)混合不均　　(D)促进剂多于配比
24. 橡胶工业中常用的混炼方法分为(　　)。
(A)间歇式混炼　(B)连续式混炼　(C)开放式混炼　(D)密闭式混炼
25. 可能导致胶料在压出过程中产生焦烧的原因有(　　)。
(A)胶料本身焦烧时间短　　(B)机头温度过高
(C)压出速度太慢　　(D)口型板余胶口过大
26. 生胶塑炼前的准备工作包括(　　)处理过程。
(A)选胶　(B)压延　(C)烘胶　(D)切胶
27. 影响开炼机塑炼的因素主要有(　　)。
(A)容量　(B)辊距　(C)化学塑解剂　(D)塑炼时间
28. 以下关于邵尔 A 型硬度计的说法正确的是(　　)。
(A)可以用来测热塑性橡胶的硬度　　(B)可以用来测硫化橡胶的硬度
(C)可以用来测未硫化橡胶的硬度　　(D)可以用来测钢铁的硬度
29. 橡胶拉力试验机一般由(　　)等部分构成。
(A)夹具　(B)测量系统　(C)驱动系统　(D)控制系统
30. 热氧老化试验箱一般由(　　)构成。
(A)温度传感器　(B)加热系统　(C)循环系统　(D)控制系统
31. 下列仪器中,有“0”刻度线的是(　　)。
(A)温度计　(B)量筒　(C)滴定管　(D)容量瓶
32. 撕裂强度试验有(　　)方法。
(A)使用裤形试样　　(B)使用直角形试样
(C)使用新月形试样　　(D)其他

33. 热空气加速老化试验为了防止硫黄、抗氧剂、过氧化物或增塑剂的迁移,尽量避免在同一老化箱内同时加热不同类型的橡胶试样。如下材料可一起加热的有(　　)。
(A)相同类型的聚合物
(B)含有同类型的促进剂或硫黄和促进剂的比率近似相同的硫化橡胶
(C)含有同类型抗氧剂的橡胶
(D)含有同类型同份量增塑剂的橡胶

34. 关于热氧老化试验，下列说法正确的是(　　)。
(A)相同类型的聚合物可以放在一个老化箱内
(B)试样必须在老化箱内按要求排列
(C)试样的最大面积一侧应正对气流
(D)老化前后对比试样通常为 5 个，至少不低于 3 个
35. 当试验温度升高后，会导致下列(　　)等结果变大。
(A)硬度　(B)扯断强度　(C)扯断伸长率　(D)密度
36. 关于德默西亚型屈挠试验机操作方法的说法，下面正确的是(　　)。
(A)要保证屈挠试验时，夹具与试样成 90°角　(B)两夹持器最大距离 75 mm
(C)往复运动行程 57 mm　(D)每种胶料推荐 6 个试样，至少不低于 3 个
37. 检验原始记录应至少包括的信息是(　　)。
(A)检验环境条件　(B)所使用检测设备
(C)原始观测数据　(D)试验室领导人
38. 不确定度 A 类评定和 B 类评定是否可靠，不是用(　　)来表示的。
(A)标准偏差　(B)测量公差　(C)自由度　(D)允许极限误差
39. 通电绕组在磁场中的受力不能用(　　)判断。
(A)安培定则　(B)右手螺旋定则　(C)右手定则　(D)左手定则
40. 关于串联电路下面说法不正确的是(　　)。
(A)串联电路中各电阻两端电压相等
(B)各电阻上分配的电压与各自电阻的阻值成正比
(C)各电阻上消耗的功率之和等于电路所消耗的总功率
(D)流过每一个电阻的电流不相等
41. 与直流电路不同，正弦电路的端电压和电流之间有相位差，因而就有(　　)概念。
(A)瞬时功率只有正没有负　(B)出现有功功率
(C)出现无功功率　(D)出现视在功率和功率因数等
42. 全电路欧姆定律中回路电流 I 的大小与(　　)有关。
(A)回路中的电动势 E　(B)回路中的电阻 R
(C)回路中电动势 E 的内电阻 r_0　(D)回路中电功率
43. 交流电的三要素是指(　　)。
(A)最大值　(B)频率　(C)初相角　(D)电压
44. 三相电源连接方法可分为(　　)。
(A)星形连接　(B)串联连接　(C)三角形连接　(D)并联连接
45. 手持电动工具的使用，应符合国家标准的有关规定，下面说法正确的是(　　)。
(A)工具的电源线、插头和插座应完好
(B)电源线不得任意接长和调换
(C)工具的外绝缘应完好无损
(D)维修和保管应由专人负责
46. 以下关于安全用电说法正确的是(　　)。
(A)检修或更换灯头，切忌用手触及

(B)电线破损,切忌用伤湿膏代替绝缘胶布包裹
(C)切削带电的电线,切忌用普通剪刀
(D)发现有人触电,切忌用手直接去拉救
47. 仪表的性能指标通常用精度、变差和(　　)来描述。
(A)灵敏度　(B)重复性　(C)稳定性　(D)可靠性
48. 仪表按所使用能源可分为(　　)几种。
(A)气动仪表　(B)电动仪表　(C)液动仪表　(D)数字仪表
49. 测量误差主要分为(　　)。
(A)系统误差　(B)随机误差　(C)定量误差　(D)人工误差
50. 误差产生的原因可归结为(　　)。
(A)测量装置误差　(B)环境误差　(C)测量方法误差　(D)人员误差
51. 轨道空气弹簧气囊根据结构形式的不同,分为(　　)。
(A)大曲囊　(B)小曲囊　(C)腰带式　(D)中曲囊
52. 空气弹簧气囊成型前半成品自检用的工具有(　　)。
(A)卷尺　(B)量角器　(C)测厚仪　(D)螺旋测微器
53. 以下空气弹簧气囊帘布筒长度公差符合要求的有(　　)。
(A)+3 mm　(B)−3 mm　(C)+6 mm　(D)−20 mm
54. 就空气弹簧气囊成型来说,以下说法正确的有(　　)。
(A)刷汽油要先轻后重,涂刷均匀,不要太多
(B)成型过程中要随时检查机头及螺丝,防止螺丝松动割断帘线
(C)过期的半成品禁止使用
(D)轻微的胶帘布表面喷霜可以直接正常使用
55. 空气弹簧气囊囊坯成型完毕后,需要在囊坯内部标识(　　)。
(A)规格　(B)成型时间　(C)班次　(D)序号
56. 二段成型法成型空气弹簧气囊,每层布筒的帘布接头个数,以下允许的是(　　)。
(A)0 个　(B)2 个　(C)1 个　(D)4 个
57. 空气弹簧气囊外胶接头宽度,以下允许的有(　　)。
(A)3 mm　(B)4 mm　(C)1 mm　(D)2 mm
58. 空气弹簧气囊成型进行(　　)操作时,机头主轴必须插于尾座之中。
(A)大子口帘布反包　(B)帘布压合　(C)贴胶片　(D)胶片压合
59. 空气弹簧气囊成型时外胶接头必须(　　)。
(A)对接　(B)修平　(C)压实　(D)压牢
60. 空气弹簧气囊成型过程中,汽油使用原则是(　　)。
(A)先轻后重　(B)越多越好　(C)越少越好　(D)涂刷均匀
61. 空气弹簧气囊成型机头上贴胶片时,要(　　)。
(A)放正摆平　(B)均匀用力牵拉
(C)不允许长度有任何伸张　(D)以上说法都不对
62. 空气弹簧气囊外胶片表面要求有(　　)。
(A)无杂质　(B)无喷霜　(C)无气泡　(D)无自硫胶疸

63. 以下操作空气弹簧气囊成型机头主轴需要插入尾座中的有(　　)。
(A)大子口帘布反包 (B)帘布压合 (C)贴胶片 (D)胶片压合
64. 空气弹簧气囊成型机头的宽度计算与(　　)有关。
(A)机头直径 (B)成品内轮廓 (C)汽油牌号 (D)产品帘线角
65. 空气弹簧气囊硫化的气泡,一般与成型有关的因素有(　　)。
(A)外胶与帘布层之间未压实 (B)反包端点为压实
(C)使用汽油过多 (D)囊坯气泡未扎尽
66. 空气弹簧气囊成型用压辊压实的目的有(　　)。
(A)防止硫化后产品气泡 (B)增加各层之间的黏合
(C)为了使外观好看 (D)便于硫化装锅
67. 空气弹簧气囊成型的准备工作有(　　)。
(A)检查风压是否符合检查卡片要求 (B)检查半成品是否合格
(C)目视质检人员是否到位 (D)检查供料架上的帘布是否按角度交叉排列
68. 以下空气弹簧气囊成型的注意事项说法正确的有(　　)。
(A)囊坯要卧放于囊坯架的布兜中 (B)扯帘布时要采用抽线法
(C)要时刻关注质检人员是否到位 (D)所有的半成品不得落地
69. 空气弹簧气囊成型所用的半成品有(　　)。
(A)混炼胶 (B)外胶 (C)钢丝圈 (D)胶帘布
70. 空气弹簧气囊成型的自检要求有(　　)。
(A)所有的半成品表面不得有杂质 (B)帘布筒表面做到“七无”
(C)整个囊坯要做到“四无” (D)整个囊胚要做到“四正”
71. 空气弹簧气囊成型过程中,裁断完毕的胶帘布表面不得有(　　)。
(A)自硫胶痘 (B)胶 (C)折子 (D)严重劈缝
72. 空气弹簧气囊成型过程中,以下胶帘布裁断卷取垫布的质量要求说法正确的有(　　)。
(A)卷取帘布头尾要预留 1.5 m 左右 (B)不得有杂物
(C)不得直接接触胶帘布 (D)不倒卷不准使用
73. 空气弹簧气囊成型用钢丝圈切头要求有(　　)。
(A)层次不齐 (B)无钩弯 (C)平整 (D)翘起
74. 空气弹簧气囊胶芯外观质量正确的有(　　)。
(A)光滑 (B)无杂物 (C)无胶 (D)无气泡
75. 空气弹簧气囊护胶表面质量要求有(　　)。
(A)无自硫胶痘 (B)无水 (C)无胶 (D)无喷霜
76. 空气弹簧气囊成型过程中,进行(　　)操作时成型机主轴需要插入尾座之中。
(A)外胶贴合 (B)机头瓦块更换
(C)大子口帘布反包 (D)小子口帘布反包
77. 空气弹簧气囊的胶片接头必须(　　)。
(A)修平 (B)修齐 (C)压实 (D)压牢
78. 空气弹簧气囊成型用腰带钢丝圈包裹胶片时,要求(　　)。
(A)修平 (B)修齐 (C)压实 (D)压牢

79. 以下不属于空气弹簧气囊用钢丝圈自检要求的是(　　)。
(A)无变形　　(B)钢丝胶硬度合格
(C)无自硫胶疸　　(D)钢丝直径合格
80. 以下不属于空气弹簧气囊用三角胶芯自检要求的是(　　)。
(A)胶芯硬度合格　　(B)无杂物
(C)胶芯原材料合格　　(D)对接
81. 空气弹簧气囊成型用护胶要求厚度(　　)。
(A)均匀　　(B)准确　　(C)薄　　(D)适中
82. 以下环境温度属于合适的空气弹簧气囊成型温度的是(　　)。
(A)10 ℃　　(B)20 ℃　　(C)17℃　　(D)19 ℃
83. 以下空气弹簧气囊用钢丝圈周长公差符合要求的有(　　)。
(A)1 mm　　(B)4 mm　　(C)3 mm　　(D)2 mm
84. 以下空气弹簧气囊成型帘布贴合时大头小尾合格的有(　　)。
(A)2 mm　　(B)5 mm　　(C)1 mm　　(D)7 mm
85. 以下空气弹簧气囊成型帘布贴合时接头出角合格的有(　　)。
(A)8 mm　　(B)2 mm　　(C)1 mm　　(D)7 mm
86. 空气弹簧气囊成型,胶片宽度小于 50 mm 的,其宽度公差正确的有(　　)。
(A)±5 mm　　(B)±3 mm　　(C)±2 mm　　(D)±7 mm
87. 空气弹簧气囊成型,胶片宽度大于 50 mm 的,其宽度公差正确的有(　　)。
(A)+5 mm　　(B)−3 mm　　(C)+2 mm　　(D)+7 mm
88. 若空气弹簧气囊帘布层与层之间的差级为 25 mm,则以下差级的公差符合要求的有(　　)。
(A)±5 mm　　(B)+2 mm　　(C)+3 mm　　(D)−6 mm
89. 以下空气弹簧气囊囊坯质量缺陷不允许修理的有(　　)。
(A)外胶折子　　(B)钢丝圈硬弯　　(C)帘线割断　　(D)帘布层死折子
90. 以下空气弹簧气囊囊坯质量缺陷可以直接目测测量的有(　　)。
(A)外胶折子　　(B)内胶折子　　(C)帘线割断　　(D)差级偏歪
91. 以下空气弹簧气囊成型质量缺陷不可以直接目测测量的有(　　)。
(A)外胶折子　　(B)帘布筒反包偏歪值
(C)钢丝圈偏歪值　　(D)增强层偏歪值
92. 以下压延后的空气弹簧气囊用胶帘布存放要求正确的是(　　)。
(A)室温不能低于 18 ℃　　(B)直接堆放在地上
(C)不能在太阳下暴晒　　(D)周围环境保持清洁
93. 以下有关空气弹簧气囊成型用胶帘布质量的要求,正确的有(　　)。
(A)超过有效期的胶帘布,只要表面状态完好,可以正常使用
(B)成卷的胶帘布不可以直接堆放在地上
(C)超期的胶帘布不能使用
(D)当成卷帘布放在架子上时,地面等周围环境要求清洁
94. 若帘布合格证上幅宽为 1 450 mm,则胶帘布幅宽合格的是(　　)。

(A)1 460 mm (B)1 440 mm (C)1 490 mm (D)1 500 mm

95. 空气弹簧气囊成型过程中指示灯要求(　　)。

(A)清晰 (B)无辐射 (C)黑光 (D)齐全

96. 空气弹簧气囊增强层帘布表面允许有(　　)。

(A)自硫胶痘 (B)胶 (C)轻微劈缝 (D)以上说法都不对

97. 以下帘布贴合说法正确的有(　　)。

(A)要层层压实 (B)气泡要扎尽 (C)折子要展平 (D)要分层压实

98. 以下措施减少硫化后气囊气泡发生几率的措施正确的是(　　)。

(A)囊体加增强层 (B)气泡要扎尽 (C)折子要展平 (D)烘坯

99. 以下有关内胶成型的质量表述正确的有(　　)。

(A)要层层压实 (B)压延后可以立即使用

(C)存放时间越长越好 (D)折子要展平

100. 以下有关空气弹簧气囊囊坯的“四正”表述正确的是(　　)。

(A)帘布筒正 (B)密封胶正 (C)脚踏开关正 (D)覆盖胶正

101. 空气弹簧气囊成型过程中,以下内胶接头宽度不允许的是(　　)。

(A)5 mm (B)2 mm (C)3 mm (D)4 mm

102. 空气弹簧大曲囊气囊成型用胶帘布表面不允许有(　　)等质量缺陷。

(A)劈缝 (B)露白 (C)弯曲 (D)褶子

103. 空气弹簧气囊用胶帘布裁断完毕后要用垫布(　　),两边不允许露胶帘布。

(A)卷齐 (B)卷紧 (C)遮盖防杂质 (D)以上说法都不对

104. 腰带式空气弹簧气囊成型用胶帘布表面不允许有(　　)等质量缺陷。

(A)劈缝 (B)露白 (C)弯曲 (D)褶子

105. 空气弹簧气囊腰带压出后停放的目的(　　)。

(A)充分冷却 (B)防止烫伤 (C)收缩均匀 (D)不需要停放

106. 以下为空气弹簧气囊帘布筒要求做到的“七无”的有(　　)。

(A)无弯曲 (B)无脱层 (C)无杂物 (D)无露白

107. 以下为大曲囊空气弹簧气囊囊坯“四无”的有(　　)。

(A)无弯曲 (B)无折子 (C)无杂物 (D)无断线

108. 腰带式空气弹簧气囊帘线差级不允许(　　)。

(A)重叠 (B)超标 (C)单层边部齐整 (D)以上说法都不对

109. 空气弹簧气囊囊坯穿刺和修补用的工具工装有(　　)。

(A)锥子 (B)剪刀 (C)手压辊 (D)显微镜

110. 空气弹簧气囊刺孔过程中若发现缺胶、接头开裂等现象要及时(　　)。

(A)修补 (B)压实 (C)停产 (D)显微镜下观察

111. 空气弹簧气囊成型过程中不准落地的半成品有(　　)。

(A)帘布卷 (B)胶片 (C)胶芯 (D)空垫布

112. 对于存放期内严重喷霜的钢丝圈,应(　　)。

(A)在钢丝圈质量卡备注栏加注“待定”标识 (B)及时通知质量人员处理

(C)不能正常使用 (D)以上说法都不对

113. 下列属于空气弹簧气囊成型机检修前准备工作的是(　　)。
(A)制定检修方案　　(B)编制检修计划
(C)准备检修工具　　(D)落实安全防护措施与环保要求
114. 空气弹簧自动反包成型机的调试包括(　　)。
(A)机头设置　　(B)辊压设置　　(C)正包设置　　(D)反包设置
115. 设备劣化的表现形式有(　　)。
(A)机械磨损　　(B)裂纹　　(C)塑性断裂　　(D)设备的精密测试
116. 设备维护与修理的任务包括(　　),以达到保持设备应有的工作能力的目的。
(A)保证机械设备经常处于良好的技术状态　　(B)延长其使用寿命
(C)避免不应发生的事故损坏　　(D)充分发挥其效能
117. 下列属于空气弹簧气囊一段成型机结构组成的是(　　)。
(A)底座　　(B)尾架　　(C)主机箱　　(D)压辊设置
118. 下列属于空气弹簧气囊一段成型机底座结构组成的是(　　)。
(A)钢圈放置器　　(B)两半环　　(C)机头　　(D)钢圈传递器
119. 下列属于空气弹簧气囊一段成型机设备参数的是(　　)。
(A)机头直径　　(B)主轴中心高度　　(C)帘布宽度　　(D)压辊压力
120. 下列属于空气弹簧气囊一段成型机帘布宽度范围的是(　　)。
(A)100 mm　　(B)300 mm　　(C)800 mm　　(D)1 600 mm
121. 下列属于空气弹簧气囊一段成型机机头宽度范围的是(　　)。
(A)200 mm　　(B)300 mm　　(C)600 mm　　(D)1 600 mm
122. 下列属于空气弹簧气囊一段成型机设备主轴径向跳动精度范围的是(　　)。
(A)0.1 mm　　(B)0.2 mm　　(C)0.05 mm　　(D)1 mm
123. 下列属于空气弹簧气囊一段成型机设备扣圈盘端面跳动精度范围的是(　　)。
(A)0.1 mm　　(B)0.2 mm　　(C)0.05 mm　　(D)1 mm
124. 下列属于空气弹簧气囊一段成型机设备压辊压力调整范围的是(　　)。
(A)0.2 MPa　　(B)0.3 MPa　　(C)0.25 MPa　　(D)0.5 MPa
125. 下列属于空气弹簧成型机自动控制系统采用PLC技术的优点的是(　　)。
(A)提高了设备的自动化水平　　(B)降低了生产工人的劳动强度
(C)保证了产品的连续生产　　(D)便于故障的及时排除
126. 下列属于空气弹簧气囊一段成型机设备供料架前摆架与主轴平行度精度范围的是(　　)。
(A)0.1 mm　　(B)0.2 mm　　(C)0.05 mm　　(D)0.3 mm
127. 下列属于空气弹簧成型机机头中心环调整范围的是(　　)。
(A)10 mm　　(B)20 mm　　(C)40 mm　　(D)60 mm
128. 下列属于空气弹簧一段成型机贴合鼓直径调整范围的是(　　)。
(A)10 mm　　(B)20 mm　　(C)40 mm　　(D)60 mm
129. 空气弹簧气囊成型机调试的目的是(　　)。
(A)调整各动作、运动参数等使之处于最佳位置　　(B)使整机动作协调一致
(C)达到验收标准的各项性能指标　　(D)保证设备的预验收

130. 下列属于空气弹簧气囊成型机调试时设备档案内容的是(　　)。
(A)各主要部件的检验记录　　(B)调试记录
(C)用户验收纪要　　(D)包装箱清单
131. 下列属于空气弹簧气囊成型机调试前收集的设备信息的是(　　)。
(A)设备编号　　(B)设备的需方、供货范围
(C)设备调试要求进度　　(D)设备装配负责人及现场情况
132. 下列属于空气弹簧气囊成型机设备调试用工具的是(　　)。
(A)装配工具　　(B)电工工具　　(C)检验工具　　(D)部件试验装置
133. 下列属于空气弹簧气囊成型机设备调试运转情况检查范围的是(　　)。
(A)松紧程度　　(B)间隙大小　　(C)阻尼大小　　(D)声音情况
134. 下列属于空气弹簧气囊成型机设备调试现场不安全行为的是(　　)。
(A)造成安全装置的失效　　(B)物料放置不当
(C)运转时检查　　(D)分散注意力
135. 下列属于空气弹簧气囊成型机设备物的不安全状态的是(　　)。
(A)防护保险方面的缺陷　　(B)物的放置方法的缺陷
(C)作业环境场所的缺陷　　(D)外部和自然界的不安全状态
136. 下列属于设备安全检查项目的是(　　)。
(A)安全设施　　(B)安全教育培训　　(C)劳动用品使用　　(D)思想、制度
137. 下列属于空气弹簧成型机设备带传动缺点的是(　　)。
(A)易磨损　　(B)寿命短
(C)产生弹性打滑　　(D)不能保证精确的传动比
138. 下列属于空气弹簧气囊成型机设备操作人员"四会"内容的是(　　)。
(A)会使用　　(B)会维护　　(C)会检查　　(D)会拆装
139. 下列属于空气弹簧气囊成型机设备"三过滤"内容的是(　　)。
(A)入库过滤　　(B)发放过滤　　(C)使用过滤　　(D)加油过滤
140. 下列属于空气弹簧气囊成型机设备部件拉伸精度范围的是(　　)。
(A)1%　　(B)1.1%　　(C)1.5%　　(D)2%
141. 下列属于空气弹簧气囊成型机设备钢丝圈定位精度范围的是(　　)。
(A)0.1 mm　　(B)0.05 mm　　(C)0.2 mm　　(D)−0.05 mm
142. 下列属于空气弹簧气囊成型机设备主轴与尾座支撑轴同轴度精度范围的是(　　)。
(A)0.15 mm　　(B)0.05 mm　　(C)0.2 mm　　(D)−0.05 mm
143. 空气弹簧气囊囊胚成型记录中，需填写(　　)人员名字。
(A)成型　　(B)管理　　(C)检查　　(D)其他
144. 空气弹簧气囊囊胚成型记录中，当(　　)编号发生变化时，应另填写一行。
(A)内胶　　(B)外胶　　(C)钢丝圈　　(D)帘布
145. 空气弹簧气囊囊胚成型记录中，检验结果应由(　　)填写。
(A)班长　　(B)管理人员　　(C)自检人员　　(D)专检人员
146. 下面关于空气弹簧气囊囊胚成型记录说法不正确的是(　　)。
(A)必须填写成型时间和班次　　(B)囊胚编号范围是每天成型囊胚的总数

(C)检查结果只能由自检人员填写　　(D)胶帘布编号为每批帘布的进货号

147. 计算每天或每班空气弹簧气囊成型产品的计划产量时,需要下列(　　)数据支持。

(A)实测工时　　(B)倒班工时　　(C)产品需求　　(D)合格率

148. 计算空气弹簧气囊成型产品的计划完成率时,需要(　　)数据。

(A)合格数量　　(B)生产数量　　(C)计划数量　　(D)其他

149. 空气弹簧气囊成型中,每班产量记录在(　　)中。

(A)交接班记录表　　(B)囊胚生产记录

(C)囊胚内外质量记录表　　(D)以上皆错

150. 计算每天或每班空气弹簧气囊成型腰带产品的计划产量时,需要下列(　　)数据支持。

(A)实测工时　　(B)倒班工时　　(C)产品需求　　(D)合格率

151. 计算空气弹簧气囊成型腰带产品的计划完成率时,需要(　　)数据。

(A)合格数量　　(B)生产数量　　(C)计划数量　　(D)其他

152. 空气弹簧气囊成型腰带时,每班产量记录在(　　)中。

(A)交接班记录表　　(B)囊胚生产记录

(C)囊胚内外质量记录表　　(D)以上皆错

153. 空气弹簧气囊成型中,合格率的记录不出现在下列(　　)表格中。

(A)交接班记录表　　(B)囊胚生产记录

(C)囊胚内外质量记录表　　(D)帘布裁断记录

154. 空气弹簧气囊成型中,合格率的计算与下列(　　)数据有关。

(A)合格数量　　(B)生产数量　　(C)计划数量　　(D)其他

155. 空气弹簧气囊成型中,关于囊胚内外质量记录说法不正确的是(　　)。

(A)修理数量不计入合格数量　　(B)修理数量应计入不合格数量

(C)修理数量指修理后合格的数量　　(D)修理数量不计入合格率计算

156. 下列属于空气弹簧气囊成型所使用的工具的是(　　)。

(A)刀片　　(B)卷尺　　(C)剪刀　　(D)手压辊

157. 空气弹簧气囊成型所使用的工具中,属于测量工具的是(　　)。

(A)刀片　　(B)卷尺　　(C)钢板尺　　(D)压辊

158. 空气弹簧成型工具使用记录的作用是(　　)。

(A)保持工具的可追溯性　　(B)确认工具有效期符合要求

(C)减少易耗工具浪费　　(D)以上皆错

四、判 断 题

1. 氧化物一定是纯净物。(　　)

2. 不能跟酸起反应生成盐和水,又不能跟碱起反应而生成盐和水,这类氧化物叫作不成盐氧化物。(　　)

3. 能与酸反应的氧化物一定就是碱性氧化物。(　　)

4. 酸性氧化物都是非金属氧化物。(　　)

5. 氧化锌和氧化镁只有并用时才能作为氯丁橡胶的硫化剂。(　　)

6. 根据酸是否含氧分为含氧酸和无氧酸。( )

7. 酸的稀溶液 pH 值小于 7。( )

8. 酸碱盐类化合物一定含有非金属元素。( )

9. 橡胶中使用有机酸作为防焦剂的缺点是仅对酸性促进剂起作用。( )

10. 天然橡胶中的非橡胶烃对制品加工过程及性能没有益处。( )

11. 天然橡胶中的变价金属离子会使橡胶加速老化。( )

12. 天然橡胶中的灰分对橡胶没有影响。( )

13. 天然橡胶中的丙酮抽出物对橡胶没有影响。( )

14. 天然橡胶中的蛋白质对橡胶只有益处没有负面影响。( )

15. 天然橡胶中的水分会使橡胶在加工过程中产生气泡。( )

16. 天然橡胶中丙酮抽出物均不能溶于水。( )

17. 通用天然橡胶按理化指标分级比按外观质量分级更科学一些。( )

18. 可塑度是用转动的方法测试胶料流动性大小的一种试验。( )

19. 硫化仪可以直观描绘出整个硫化过程的硫化曲线。( )

20. 撕裂强度指试样被撕裂时,单位厚度所承受的负荷。( )

21. 天然橡胶被誉为“无龟裂”橡胶,在通用橡胶中它的耐臭氧性能是最好的。( )

22. 正硫化时间是指胶料最大交联密度时所需的时间。( )

23. 混炼后胶料的加工时间越长,硫化冲模时间缩短。( )

24. 橡胶欠硫和过硫都会使胶料的物理机械性能和耐老化性能下降。( )

25. 对于可塑度要求很高胶料,可以采用延长塑炼时间来提高可塑度。( )

26. 热水作为硫化介质,传热比较均匀,密度高,使制品变形倾向小。( )

27. 分析天平可精确至 0.1 mg。( )

28. 热氧老化试验箱中的试样排列对试验结果没有影响。( )

29. 除非在相应橡胶评估程序中另有规定,试验室开放式炼胶机标准批混炼量应为基本配方量的 3 倍。( )

30. 橡胶测试试样调节,仲裁鉴定试验的温度可以是(27±2)℃。( )

31. 拉伸性能试验试样裁切的方向没有要求。( )

32. 使用冲片机制样时,只能一次冲切,重切报废。( )

33. 橡胶检验测试中试样调节过程对最终结果影响较小。( )

34. 橡胶老化试验时,到规定时间取出的试样按 GB/T 2941 的规定进行环境调节最短时间为 16 h。( )

35. 橡胶检验测试中不同刀型所裁的试样,其试验结果没有可比性。( )

36. 橡胶老化试验时,不同种试样可以一起放置,对试验结果无影响。( )

37. 橡胶产品试验, 硫化与试验之间的时间间隔不得超过 3 个月。( )

38. 橡胶分析检验中,最后报告的不确定度有效位数一般不超过 4 位。( )

39. 有效数字修约采用“4 舍 6 入 5 取舍”的修约原则,有效数字后面第 1 位数≤4 舍去,而≥6 进位,若=5,则看 5 前面的数,偶进奇不进,即该数为偶数,进一位,该数为奇数则不进。( )

40. 直导线在磁场中运动一定会产生感应电动势。( )

41. 如果把一个 24 V 的电源正极接地,则负极的电位是−24 V。(　　)

42. 纯电阻单相正弦交流电路中的电压与电流,其瞬间时值遵循欧姆定律。(　　)

43. 纯电感线圈对直流电来说,相当于短路。(　　)

44. 三相负载作星形连接时,线电流等于相电流。(　　)

45. 在三相四线制中,当三相负载不平衡时,三相电压相等,中性线电流等于零。(　　)

46. 摆脱电流大小因人而异。(　　)

47. 一般来说,50 mA 以下的直流电流可以当作人体允许的安全电流,长时间接触无影响。(　　)

48. 仪表按照信号可以分为模拟仪表和数字仪表。(　　)

49. 在规定工作条件下,仪表某些性能随时间保持不变的能力称为稳定性。(　　)

50. 仪表在外部条件保持不变情况下,被测参数由小到大变化和由大到小变化不一致的程度,两者之差即为仪表的精度。(　　)

51. 仪表精度等级一般都标志在仪表标尺或标牌上,数字越小,说明精度越低。(　　)

52. 系统误差一般不具有累积性。(　　)

53. 空气弹簧气囊用帘布裁断工艺中,使用量角器对裁断角度进行测量。(　　)

54. 空气弹簧气囊成型环境温度要求范围不低于 10 ℃。(　　)

55. 空气弹簧气囊帘布筒长度公差为±5 mm。(　　)

56. 空气弹簧气囊成型所用的汽油为 120＃汽油,其他汽油禁止使用。(　　)

57. 空气弹簧气囊二段成型在胶片贴合和胶片压实时,必须保持机头主轴插在尾座中。(　　)

58. 空气弹簧气囊成型过程中,胶片接头必须修平、压实和压牢。(　　)

59. 空气弹簧气囊胶片贴合偏歪值允许大于 3 mm。(　　)

60. 空气弹簧气囊帘布及胶片要按照生产先后顺序使用。(　　)

61. 空气弹簧气囊成型表面轻微喷霜的帘布可以正常使用。(　　)

62. 空气弹簧气囊成型机下压辊要求合拢后无间隙。(　　)

63. 空气弹簧气囊一段成型过程中,轻微的折子可以不做修整,待二段成型再做修整。(　　)

64. 空气弹簧气囊成型过程中需使用 120＃汽油,但必须待汽油挥发无痕后方可进行下一步操作。(　　)

65. 空气弹簧气囊所有的成型半成品都禁止落地。(　　)

66. 空气弹簧气囊是由不同纤维和不同性能的胶料组成的复合体。(　　)

67. 成型过程中,空气弹簧气囊各部位的下脚料不用分开,可以直接回车处理。(　　)

68. 空气弹簧的囊体由帘线组成,胎体承受一定气压和负荷,并要有一定的安全倍数。(　　)

69. 空气弹簧气囊囊坯不允许出现帘线割断。(　　)

70. 空气弹簧气囊囊坯出现钢丝圈硬弯时可以修理。(　　)

71. 空气弹簧气囊成型囊坯帘布接头必须修平。(　　)

72. 空气弹簧气囊囊坯胶折子允许修理,但不能损坏帘线。(　　)

73. 空气弹簧气囊囊坯外胶与帘布层间气泡允许修理。(　　)

74. 空气弹簧气囊成型过程中,允许割断帘线1～3根。( )
75. 所有的空气弹簧气囊囊坯面沾有杂质都必须报废处理。( )
76. 空气弹簧气囊囊坯可以落地。( )
77. 空气弹簧气囊腰带硫化前不需要刺孔处理。( )
78. 为了减少脱层现象的发生,空气弹簧气囊腰带硫化前需要烘坯处理。( )
79. 空气弹簧气囊所有的半成品均是越新鲜越好,故无需停放,可以直接使用。( )
80. 空气弹簧气囊钢丝圈压出工序,回车胶的掺用必须遵照一定的比例进行。( )
81. 空气弹簧气囊成型不允许存在任何的反包偏歪。( )
82. 空气弹簧气囊成型差级可以重叠。( )
83. 空气弹簧气囊成型差级只要不重叠,过大过小均可以。( )
84. 空气弹簧气囊帘布活折子需要用汽油轻轻润开,不能直接用手拽开。( )
85. 空气弹簧气囊的胶片接头过大可以用刀片进行修理。( )
86. 成型过程中机头直径必须每个囊坯测一次。( )
87. 空气弹簧气囊成型过程中增强层的帘线不能割断。( )
88. 空气弹簧气囊成型汽油刷和胶油刷不能混用。( )
89. 空气弹簧气囊的胶片接头必须修平、修齐、压实、压牢。( )
90. 空气弹簧气囊囊胚的流转信息可以用蜡笔直接在囊坯内部书写。( )
91. 因为胶在高温下有流动性,故空气弹簧气囊的接头没必要修平。( )
92. 压延后的大卷空气弹簧气囊用胶帘布可以直接堆放在地面上。( )
93. 成型后的空气弹簧气囊用钢丝圈腰带可以堆放在一起进行烘坯。( )
94. 空气弹簧气囊所有半成品超期的均不能使用。( )
95. 空气弹簧气囊成型时气泡扎尽可以减少硫化后气囊气泡的几率。( )
96. 烘坯不可能减少硫化后空气弹簧气囊气泡的几率。( )
97. 空气弹簧气囊成型护胶的折子要展平。( )
98. 脚踏开关正是空气弹簧气囊囊坯的"四正"之一。( )
99. 帘布筒正是空气弹簧气囊囊坯的"四正"之一。( )
100. 机头正是空气弹簧气囊囊坯的"四正"之一。( )
101. 密封胶正是空气弹簧气囊囊坯的"四正"之一。( )
102. 因为内胶有回弹性,所以延后停放的时间越长越好。( )
103. 因为内胶有回弹性,所以延后停放的时间越短越好。( )
104. 空气弹簧气囊增强层在成型过程中要层层压实。( )
105. 空气弹簧气囊钢丝圈表面要求无自硫胶痘。( )
106. 空气弹簧气囊成型前要检查风压是否符合要求。( )
107. 空气弹簧气囊成型前要检查质检人员是否到位。( )
108. 空气弹簧气囊成型前要检查风供料架上的帘布是否按角度交叉排列。( )
109. 空气弹簧气囊成型前要检查所有的半成品规格是否符合要求。( )
110. 空气弹簧气囊扯帘布时,可以不采用抽线法。( )
111. 空气弹簧气囊成型过程中要自检帘布筒的"七无"。( )
112. 空气弹簧气囊成型用护胶若有轻微的气泡允许返修。( )

113. 空气弹簧气囊成型帘布筒表面不允许有气泡。(　　)

114. 空气弹簧气囊成型帘布筒表面不允许有露白。(　　)

115. 空气弹簧气囊成型帘布筒表面允许有直径小于 15 mm 的气泡。(　　)

116. 空气弹簧气囊成型帘布筒表面不允许有折子。(　　)

117. 空气弹簧气囊成型帘布筒表面允许有长度小于 10 mm 的折子。(　　)

118. 空气弹簧气囊帘布接头在机头中心线处不允许重叠。(　　)

119. 空气弹簧气囊胶片接头不允许重叠。(　　)

120. 空气弹簧气囊成型机的检修是设备管理中较为重要的一项工作。(　　)

121. 空气弹簧气囊成型机机头结构与一段子午线轮胎成型机头是完全不同的。(　　)

122. 空气弹簧气囊成型机头与芯轴做成一个总成,更换规格时方便快捷。(　　)

123. 空气弹簧气囊成型机的主电机放置在机壳里,起到一定的防护作用。(　　)

124. 空气弹簧自动反包成型机的调试只要满足设备运转时无异响就可以正式投入使用。(　　)

125. 空气弹簧一段成型机的参数主要包括机头涨缩鼓的直径和中心指示线等。(　　)

126. 空气弹簧二段成型机的机头宽度的调整是通过调整瓦块实现的。(　　)

127. 空气弹簧气囊一段成型机的检修项目不包括气动管路的检修。(　　)

128. 空气弹簧气囊二段成型机的检修需提前制定检修计划及检修内容。(　　)

129. 空气弹簧气囊成型设备的尾座在动作过程中易造成人员伤害。(　　)

130. 空气弹簧气囊成型过程中,尤其是反包时,操作人员在踩踏脚踏开关时应注意身体与机头保持一定距离,避免卷入。(　　)

131. 空气弹簧气囊成型设备在调整限位开关时,应在确保人身安全的前提下进行。(　　)

132. 空气弹簧气囊一段成型机的帘布供料架在使用过程中应注意避免割伤。(　　)

133. 空气弹簧气囊成型设备的气动部分因为安全性高,所有不需要进行检修,只要日常点检满足使用要求即可。(　　)

134. 空气弹簧气囊自动反包成型机在调试前应确认电气和气动部分的连接无异常才能进行。(　　)

135. 空气弹簧气囊成型机头两边的钢丝圈直径必须是相同的。(　　)

136. 空气弹簧气囊成型机的电气控制系统具有手动和自动两种运行方式。(　　)

137. 空气弹簧气囊成型机在使用过程中应经常检查传动带是否异常。(　　)

138. 空气弹簧气囊成型机连接机头的主轴采用螺栓连接,无需将全部螺栓都旋入拧紧,只要能把机头固定住即可。(　　)

139. 空气弹簧气囊二段成型在胶片贴合和胶片压实时,必须保持机头主轴插在尾座中。(　　)

140. 半芯轮式机头适用于双钢丝圈以上的空气弹簧成型。(　　)

141. 半鼓式空气弹簧成型机一般采用套筒法成型。(　　)

142. 半鼓式机头特点为肩部曲线与胎圈部分相差较大,硫化定型时钢圈易扭转,适用于单钢圈成型。(　　)

143. 检修后的设备无需进行试车就可直接投入生产。(　　)

144. 检修时一定要停下设备,并执行"挂盘/上锁"程序。(　　)

145. 空气弹簧成型设备使用过程中可以用限位器作为断电停车的手段。(　　)

146. 空气弹簧成型用所有设备的危险部分都应该安装合适的安全防护装置来确保工作安全。(　　)

147. 空气弹簧成型设备的防护罩的主要作用是使机器较为美观。(　　)

148. 操作转动的空气弹簧气囊用钢丝圈包布机时,不应佩戴手套。(　　)

149. 以操作人员的操作位置所在的平面为基准,所有成型设备凡高度在 2 m 之内的所有传动机构的可动零部件及其危险部位,都必须设置防护装置。(　　)

150. 在机器设备运行的正常状态下没有危险,只有在非正常状态才存在危险。(　　)

151. 空气弹簧成型设备的机械部分上常在防护装置上设置为检修用的可开启的活动门,应保证活动门在不关闭机器的情况下不能开动。(　　)

152. 空气弹簧气囊成型机的丝杠是靠气源驱动的。(　　)

153. 空气弹簧气囊成型设备在进行检修时,必须在设备的明显部位悬挂检修作业标牌。(　　)

154. 空气弹簧气囊囊胚成型记录中帘布编号为帘布每批次进货日期。(　　)

155. 空气弹簧气囊囊胚成型记录中钢丝圈编号为每批次的进货日期。(　　)

156. 填写空气弹簧气囊囊胚成型记录时,当内胶、外胶、帘布、钢丝圈编号发生变化,应另填写一行。(　　)

157. 空气弹簧气囊囊胚成型记录中,检验结果只能由专检人员填写。(　　)

158. 空气弹簧气囊囊胚成型记录中,囊胚编号范围是每天成型囊胚的起止编号。(　　)

159. 空气弹簧气囊成型的计划产量需要考虑交接班等时间。(　　)

160. 空气弹簧气囊成型中,交接班记录表中根据计划数量填写实际生产数量。(　　)

161. 空气弹簧气囊成型中,实测工时是按照实际平均操作时间并考虑到倒班等因素得到的。(　　)

162. 空气弹簧气囊成型中,倒班工时是按照实际平均操作时间并考虑到倒班等因素得到的。(　　)

163. 空气弹簧气囊腰带成型的计划产量需要考虑交接班等时间。(　　)

164. 空气弹簧气囊腰带成型时,交接班记录表中根据计划数量填写实际生产数量。(　　)

165. 空气弹簧气囊腰带成型的实测工时是按照实际平均操作时间并考虑到倒班等因素得到的。(　　)

166. 空气弹簧气囊腰带成型的倒班工时是按照实际平均操作时间并考虑到倒班等因素得到的。(　　)

167. 空气弹簧气囊成型中,合格率为生产数量除以计划数量。(　　)

168. 空气弹簧气囊成型中,合格率的计算与计划产量没关系。(　　)

169. 空气弹簧气囊成型中,工具的使用可以不做记录。(　　)

170. 空气弹簧气囊成型中,对工具的使用做记录可以有效防止工具的遗失。(　　)

五、简 答 题

1. 简述空气弹簧腰带式气囊囊坯要做到的"四无"。

2. 简述空气弹簧腰带式气囊帘布筒表面的"七无"。

3. 简述空气弹簧腰带式气囊囊坯要做到的"四正"。

4. 简述空气弹簧腰带式气囊用胶片的表面质量要求。

5. 简述空气弹簧腰带式气囊刷汽油的具体要求。

6. 简述空气弹簧小曲囊气囊外层胶的作用。

7. 简述空气弹簧腰带式气囊内层胶的作用。

8. 简述空气弹簧大曲囊气囊囊坯的组成部件。

9. 简述空气弹簧大曲囊气囊成型中,差级重叠或集中对产品影响。

10. 空气弹簧腰带式气囊成型过程中会使用汽油,简述其作用。

11. 空气弹簧腰带式气囊成型过程中会使用汽油,简述其缺点。

12. 若单根钢丝的直径为 1 mm,挂胶后的直径为 1.4 mm,简述空气弹簧气囊钢丝圈总厚度的计算公式。

13. 简述空气弹簧腰带式气囊帘布层的作用。

14. 简述空气弹簧大曲囊气囊囊坯的组成部件。

15. 简述空气弹簧腰带式气囊成型中,差级重叠或集中对产品影响。

16. 简述空气弹簧大曲囊气囊外胶质量标准。

17. 简述空气弹簧大曲囊气囊内胶质量标准。

18. 简述空气弹簧大曲囊气囊护胶质量标准。

19. 空气弹簧大曲囊囊气囊成型中会使用汽油,简述其缺点。

20. 简述空气弹簧大曲囊气囊成型完毕后胎坯刺孔的目的。

21. 简述空气弹簧大曲囊气囊成型完毕的胎坯烘坯的目的。

22. 简述空气弹簧大曲囊气囊成型帘布筒折子的危害。

23. 简述空气弹簧大曲囊气囊成型的接头压线标准。

24. 简述空气弹簧大曲囊气囊成型的大头小尾和接头出角标准。

25. 简述大曲囊气囊钢丝圈切头部位工艺标准。

26. 简述存放过程中发生粘连的曲囊空气弹簧气囊钢丝圈的处理措施。

27. 简述空气弹簧腰带式气囊成型用胶芯的外观质量要求。

28. 简述空气弹簧腰带式气囊钢丝圈包布自检要求。

29. 简述空气弹簧腰带式气囊成型过程中三角胶芯的质量要求。

30. 简述空气弹簧大曲囊气囊成型操作过程中对胶帘布表面质量的要求。

31. 简述空气弹簧大曲囊气囊成型过程中帘布贴合质量要求。

32. 简述空气弹簧大曲囊气囊成型过程中帘布的使用原则。

33. 简述空气弹簧小曲囊气囊成型过程中胶片的使用原则。

34. 若单根钢丝的直径为 0.95 mm,挂胶后的直径为 1.3 mm,简述空气弹簧气囊用钢丝圈总宽度的计算公式。

35. 若单根钢丝的直径为 0.95 mm,挂胶后的直径为 1.3 mm,简述空气弹簧气囊用钢丝圈总厚度的计算公式。

36. 简述空气弹簧大曲囊气囊帘布贴合的单层偏歪值公差要求。

37. 简述空气弹簧大曲囊气囊成型过程中各部件的质量要求。

38. 简述空气弹簧大曲囊气囊成型过程中胶片贴合质量要求。

39. 简述空气弹簧腰带式气囊成型过程中帘布的使用原则。
40. 简述空气弹簧腰带式气囊成型过程中胶片的使用原则。
41. 简述空气弹簧锥度成型鼓的结构优势。
42. 简述空气弹簧气囊二段成型机头的特点。
43. 简述空气弹簧气囊成型机的结构组成。
44. 简述空气弹簧气囊成型机尾架总成的特点。
45. 简述物的不安全状态的类型。
46. 列举空气弹簧气囊自动反包成型机机头的三个设置参数。
47. 列举空气弹簧自动反包成型机的反包设置参数。
48. 简述空气弹簧自动反包成型机正包的前提条件。
49. 列举空气弹簧气囊自动反包成型机调试用的各类工具。
50. 简述空气弹簧气囊自动反包成型机气动调试的步骤。
51. 简述空气弹簧气囊成型设备检修前的要求。
52. 简述空气弹簧成型设备机械传动机构的防护要求。
53. 简述空气弹簧成型设备中传动带进行静电防护的处理方法。
54. 至少列举三种空气弹簧气囊成型机中所使用的开关。
55. 简述设定或调整空气弹簧气囊成型机开关的目的。
56. 至少列举三种用途的空气弹簧气囊成型机电机。
57. 简述空气弹簧气囊成型机手动动作调试的一般顺序。
58. 简述空气弹簧成型鼓安装的注意事项。
59. 简述空气弹簧成型鼓动作调试的目标。
60. 列举空气弹簧成型设备初调对象的活动件。
61. 简述空气弹簧气囊囊胚成型记录中,气囊编号范围的含义。
62. 简述空气弹簧气囊囊胚成型记录中,钢丝圈号的含义。
63. 简述空气弹簧气囊成型记录中,帘布编号的含义。
64. 简述空气弹簧气囊成型合格率的计算方法。
65. 简述空气弹簧气囊成型的计划完成率的计算方法。
66. 简述空气弹簧气囊成型实测工时的含义。
67. 简述空气弹簧气囊成型倒班工时的含义。
68. 简述空气弹簧气囊腰带成型计划完成率的计算方法。
69. 简述空气弹簧气囊成型合格率如何记录。
70. 简述空气弹簧气囊囊胚内外质量记录表的保存要求。

六、综 合 题

1. 综述空气弹簧腰带式气囊成型过程中半成品的检验方法和工具。
2. 综述空气弹簧腰带式气囊成型的一般工艺流程(不包括腰带成型)。
3. 综述空气弹簧腰带式气囊成型前的准备工作。
4. 综述空气弹簧腰带式气囊囊坯穿刺的工艺流程。
5. 综述空气弹簧腰带式气囊扣钢丝圈正包质量要求。

6. 综述空气弹簧小曲囊气囊帘布筒有折子的坏处。

7. 综述空气弹簧小曲囊气囊反包端点打折的原因和解决措施。

8. 综述空气弹簧小曲囊气囊在成型过程中要保持一定风压的原因。

9. 综述空气弹簧小曲囊气囊成型用帘布表面质量要求。

10. 综述空气弹簧小曲囊气囊成型帘布贴合接头压线要求。

11. 综述空气弹簧小曲囊气囊帘布贴合质量要求。

12. 综述空气弹簧小曲囊气囊在机头上贴胶片时的具体要求。

13. 综述空气弹簧小曲囊气囊小块帘布的使用原则。

14. 综述空气弹簧小曲囊气囊胶片接头要求。

15. 综述空气弹簧小曲囊气囊帘布反包后子口部位的处理措施。

16. 综述空气弹簧气囊小曲囊空气弹簧气囊成型用垫布的质量标准。

17. 综述空气弹簧小曲囊气囊钢丝圈成型工序生产前的准备内容。

18. 综述空气弹簧小曲囊气囊钢丝圈成型工序的自检要求。

19. 综述空气弹簧气囊大曲囊气囊护胶宽度的测量方法。

20. 综述空气弹簧气囊大曲囊气囊外胶宽度的测量方法。

21. 综述个人不安全因素的内容。

22. 综述空气弹簧成型机检修后试车时的检查内容。

23. 综述空气弹簧自动反包成型机机头参数的设置方法。

24. 综述空气弹簧自动反包成型机正包操作的流程。

25. 综述空气弹簧气囊自动反包成型机调试的目的。

26. 综述空气弹簧气囊成型设备的空气管路系统的组成及工作过程。

27. 综述空气弹簧气囊囊坯穿刺的工艺流程。

28. 综述在什么情况下电机要紧急停车。

29. 综述空气弹簧成型设备中机械密封的含义及其工作原理和用途。

30. 综述空气弹簧成型设备传动装置的不安全因素。

31. 简述空气弹簧气囊囊胚成型记录中应填写的内容。

32. 分别说明空气弹簧气囊囊胚成型记录中,内胶编号、外胶编号、帘布编号、钢丝圈号分别指什么。

33. 综述统计空气弹簧气囊成型合格率的意义。

34. 综述空气弹簧气囊成型工具使用记录的作用。

35. 综述空气弹簧气囊成型的计划产量与哪些数据有关。

橡胶成型工(中级工)答案

一、填 空 题

1. 氧	2. 金属氧化物	3. 碱性氧化物	4. 金属
5. 氢离子	6. 中性	7. 中和	8. 92%～95%
9. 丙酮	10. 分解物	11. 灰分	12. 老化
13. 通用类	14. 外观质量	15. 一级	16. 试样调节
17. 压缩	18. 转动	19. 门尼焦烧	20. 硫化
21. 拉伸强度	22. 拉伸	23. 硬度	24. 摩擦力
25. 分段塑炼法	26. 小	27. 加工制造	28. 分析天平
29. 邵氏 A	30. 转动	31. 压延	32. 2.5
33. 23	34. 27	35. 4	36. 15
37. 3	38. 平均值	39. 中值	40. 阻止
41. 越大	42. 线性电阻	43. 直流电	44. 0.02
45. 小	46. 开关	47. 感知电流	48. 精确度
49. 差动保护	50. 平均无故障时间	51. 毫米	52. 对接
53. 正包	54. 后压辊	55. 大曲囊	56. 无掉胶
57. 1～5	58. 帘布筒正	59. 5～7	60. 成型
61. 成型机	62. 侧压辊	63. 四正	64. 胶帘布
65. 修平	66. 20	67. 井	68. 展平
69. 层层	70. 生产	71. 2	72. 6
73. 10	74. 七无	75. 四正	76. 四无
77. 3	78. 4	79. 1.4	80. 1.3
81. 挥发分	82. 脱层	83. 外观质量检查	84. 流转卡
85. 折子	86. 折子	87. 3	88. 4
89. 1.4	90. 1.3	91. 脱开	92. 帘布
93. 胶浆	94. 新鲜	95. 后压辊	96. 黏合
97. 重扣	98. 外胶	99. 1.4	100. 1.3
101. 交叉	102. 保护	103. 对接	104. 修齐
105. 底部	106. 密封	107. 应力	108. 脱层
109. 脱开	110. 应力	111. 工艺	112. 清洁
113. 搭接	114. 1～3	115. 1～3	116. 1～3
117. 气泡	118. 圆柱形	119. 触摸屏	120. 整体
121. 径向	122. 气缸	123. 尾架总成	124. 线性导轨

125. 变频　126. 消除　127. 撞圈　128. 应急
129. 开关　130. 光标　131. 尾座　132. 前进
133. 成型　134. 反包　135. 伺服电机　136. 提示
137. 滑轨组　138. 丝杠　139. 径向　140. 同步带
141. 贴合鼓　142. 后压辊　143. 平压辊　144. 边压辊
145. 固定式　146. 导向　147. 压辊组　148. 反包
149. 防护　150. 传动　151. 起止　152. 自检
153. 压延　154. 压延　155. 接班人　156. 工时
157. 计划完成率　158. 交接班　159. 实测　160. 生产
161. 10　162. 气囊囊坯检查　163. 交接班　164. 实测
165. 记录　166. 追溯

二、单项选择题

1. A　2. B　3. A　4. A　5. B　6. C　7. B　8. B　9. A
10. A　11. C　12. A　13. A　14. B　15. A　16. A　17. C　18. D
19. A　20. C　21. D　22. B　23. D　24. D　25. A　26. B　27. C
28. D　29. A　30. C　31. C　32. D　33. B　34. C　35. D　36. D
37. C　38. B　39. B　40. B　41. C　42. C　43. D　44. B　45. C
46. D　47. D　48. B　49. B　50. D　51. A　52. B　53. A　54. A
55. D　56. B　57. D　58. A　59. B　60. A　61. A　62. A　63. B
64. D　65. C　66. C　67. C　68. B　69. A　70. B　71. A　72. C
73. B　74. A　75. D　76. A　77. A　78. B　79. C　80. B　81. A
82. A　83. A　84. D　85. A　86. C　87. C　88. A　89. A　90. B
91. C　92. A　93. B　94. C　95. B　96. A　97. A　98. C　99. D
100. B　101. A　102. C　103. A　104. B　105. C　106. B　107. A　108. A
109. C　110. C　111. B　112. A　113. D　114. C　115. A　116. D　117. D
118. A　119. D　120. A　121. D　122. D　123. A　124. A　125. B　126. C
127. B　128. D　129. B　130. B　131. A　132. C　133. D　134. B　135. D
136. B　137. B　138. D　139. D　140. B　141. B　142. D　143. C　144. D
145. A　146. D　147. B　148. C　149. C　150. A　151. A　152. C　153. C
154. B　155. B　156. C　157. C　158. A　159. C　160. A　161. B

三、多项选择题

1. ABCD　2. ABCD　3. ABC　4. ABC　5. ABC　6. ABCD　7. ABC
8. BCD　9. AB　10. ABC　11. AB　12. ACD　13. ABCD　14. ABC
15. ABCD　16. ABC　17. AB　18. ABCD　19. ABC　20. AD　21. ABC
22. ABCD　23. AC　24. AB　25. AB　26. ACD　27. ABCD　28. AB
29. ABCD　30. ABCD　31. ACD　32. ABC　33. ABCD　34. ABD　35. ACD
36. ABCD　37. ABC　38. ABD　39. ABC　40. ABD　41. BCD　42. ABC

43. ABC 44. AC 45. ABCD 46. ABCD 47. ABCD 48. ABC 49. ABC
50. ABCD 51. ABC 52. ABC 53. AB 54. ABC 55. ABCD 56. BC
57. AB 58. ABCD 59. BCD 60. AD 61. AB 62. ABCD 63. ABCD
64. ABD 65. ABCD 66. AB 67. ABD 68. ABD 69. BCD 70. ABCD
71. ACD 72. ABD 73. BC 74. ABD 75. AD 76. ABC 77. ABCD
78. ABCD 79. BD 80. AC 81. AB 82. BD 83. AD 84. AC
85. BC 86. BC 87. ABCD 88. BC 89. BCD 90. ABC 91. BCD
92. ACD 93. BCD 94. AB 95. AD 96. BC 97. ABC 98. BCD
99. AD 100. ABD 101. BCD 102. ABCD 103. AB 104. ABCD 105. AC
106. ABCD 107. BCD 108. AB 109. ABC 110. AB 111. ABCD 112. ABC
113. ABCD 114. ABCD 115. ABC 116. ABCD 117. ABCD 118. ABD 119. ABCD
120. BC 121. ABC 122. AC 123. ABC 124. ABC 125. ABCD 126. ABCD
127. ABCD 128. ABCD 129. ABCD 130. ABCD 131. ABCD 132. ABCD 133. ABCD
134. ABCD 135. ABCD 136. ABCD 137. ABCD 138. ABC 139. ABD 140. ABC
141. ABD 142. BD 143. AC 144. ABCD 145. CD 146. BCD 147. ABCD
148. AC 149. ABC 150. ABCD 151. AC 152. ABC 153. AB 154. AC
155. ABD 156. ABCD 157. BC 158. ABC

四、判 断 题

1. √ 2. √ 3. × 4. × 5. × 6. √ 7. √ 8. √ 9. √
10. × 11. √ 12. × 13. × 14. × 15. √ 16. √ 17. √ 18. ×
19. √ 20. √ 21. × 22. √ 23. √ 24. √ 25. × 26. √ 27. √
28. × 29. × 30. × 31. × 32. √ 33. × 34. √ 35. √ 36. ×
37. √ 38. × 39. × 40. × 41. √ 42. √ 43. √ 44. √ 45. ×
46. √ 47. × 48. √ 49. √ 50. √ 51. × 52. × 53. √ 54. ×
55. × 56. √ 57. √ 58. √ 59. × 60. √ 61. × 62. √ 63. ×
64. √ 65. √ 66. √ 67. × 68. × 69. √ 70. × 71. × 72. √
73. √ 74. × 75. × 76. × 77. × 78. √ 79. × 80. √ 81. ×
82. × 83. × 84. √ 85. √ 86. × 87. √ 88. √ 89. √ 90. √
91. × 92. × 93. × 94. √ 95. √ 96. × 97. √ 98. × 99. √
100. × 101. √ 102. × 103. × 104. √ 105. √ 106. √ 107. × 108. √
109. √ 110. × 111. √ 112. √ 113. √ 114. √ 115. × 116. √ 117. ×
118. √ 119. √ 120. √ 121. × 122. √ 123. √ 124. × 125. √ 126. √
127. × 128. √ 129. √ 130. √ 131. √ 132. √ 133. × 134. √ 135. ×
136. √ 137. √ 138. × 139. √ 140. √ 141. × 142. √ 143. √ 144. √
145. × 146. √ 147. × 148. √ 149. √ 150. × 151. √ 152. √ 153. √
154. × 155. √ 156. √ 157. × 158. × 159. √ 160. × 161. × 162. √
163. √ 164. × 165. × 166. √ 167. × 168. √ 169. × 170. √

五、简 答 题

1. 答:无折子(2分)、无掉胶(1分)、无杂物(1分)、无断线(1分)。

2. 答:无气泡(0.5分)、无脱层(1分)、无露白(0.5分)、无折子(0.5分)、无杂物(0.5分)、无劈缝(1分)、无弯曲(1分)。

3. 答:覆盖胶正(1分)、帘布筒正(1分)、钢丝圈正(2分)、密封胶正(1分)。

4. 答:要求表面新鲜(1分)、无杂物(1分)、无喷霜(1分)、无熟胶痘(1分),胶片有少量掉胶或小破洞的要补上同类胶片并压实后方可使用(1分)。

5. 答:成型所用汽油为120#汽油,其他汽油禁止使用(3分)。刷汽油要先轻后重,涂刷均匀,不要太多(2分)。

6. 答:外胶层的主要作用是保护帘线层不受外界环境侵蚀(5分)。

7. 答:内层胶是起到密封的作用(5分)。

8. 答:外胶(1分)、护胶(1分)、帘布层(1分)、钢丝圈(2分)。

9. 答:差级重叠或集中会使该处的应力集中过大(3分)。实际运用中,此处耐疲劳性能下降(1分),在反复受力形变过程中,造成气囊的早期损坏(1分)。

10. 答:清洁各部件的接触面,保持接触面新鲜(2分),避免各部件黏合时被污染(1分),对提高黏合有利(2分)。

11. 答:汽油涂刷过多,不易挥发(2分),会带来气泡、脱层等隐患(3分)。

12. 答:钢丝圈总厚度:1.4×根数±0.4 mm(5分)。

13. 答:帘线层是受力层(2分),它决定着气囊的强度和性能(3分)。

14. 答:外胶(1分)、内胶(1分)、帘布层(1分)、钢丝圈(2分)。

15. 答:差级重叠或集中会使该处的应力集中过大(3分)。实际运用中,此处耐疲劳性能下降(1分),在反复受力形变过程中,造成气囊的早期损坏(1分)。

16. 答:空气弹簧大曲囊气囊外胶胶片的外观质量要求无坑、无疤、无气泡、无褶子、无自硫胶粒、无杂物(3分)等缺陷;厚薄均匀,表面光滑(2分)。

17. 答:空气弹簧大曲囊气囊内胶胶片的外观质量要求无坑、无疤、无气泡、无褶子、无自硫胶粒、无杂物(3分)等缺陷;厚薄均匀,表面光滑(2分)。

18. 答:空气弹簧大曲囊气囊护胶胶片的外观质量要求无坑、无疤、无气泡、无褶子、无自硫胶粒、无杂物(2分)等缺陷;厚薄均匀,表面光滑(2分)。

19. 答:汽油涂刷过多,不易挥发(2分),会带来气泡、脱层等隐患(3分)。

20. 答:避免囊坯内的气体未排尽而造成脱层(2分),气泡(2分)等质量缺陷,尤其是尼龙骨架导气性差,必须刺孔(1分)。

21. 答:囊坯内部分残存的汽油等挥发分得到充分挥发(2分),增加气囊各部件间的黏合(2分),避免定型时起泡或脱层(1分)。

22. 答:帘布筒有折子,会导致成型后的囊坯局部弯曲(1分)、伸张不均(2分)、受力不一致(1分),造成局部帘线早期折断爆破(1分)。

23. 答:普通帘布层接头压线:1~3根(3分);钢丝圈包布接头压线:<10 mm(2分)。

24. 答:大头小尾:<4 mm(3分);接头出角:<3 mm(2分)。

25. 答:钢丝圈切头要整齐,无钩弯(3分),搭头要平整,缠头后不翘起(2分)。

26. 答:存放过程中胶粘连的钢丝圈,使用前用 120＃汽油润开(3 分),不得强行分离(2 分)。

27. 答:光滑、无缺胶(1 分)、无喷霜(1 分)、无生熟胶痘(1 分)、无杂物(1 分)、无气泡、无水(1 分)等影响质量的外观缺陷。

28. 答:钢丝圈无变形(3 分),包布无折子,无气泡、无脱空(2 分)。

29. 答:三角胶芯接头要求对接(3 分),不得搭接,无脱开、不翘起、无缺空(2 分)。

30. 答:操作过程中要注意检查帘布质量(2 分),帘布表面不得有杂物、甩角、宽度不均、压线超标、折子、露白、弯曲、稀密不均、熟胶痘等缺陷(2 分)。有较严重劈缝、罗股、打弯等毛病的帘布应扯掉(1 分)。

31. 答:帘布贴合时要层层压实(3 分),有气泡要扎净、压实,有折子要启开展平(1 分),表面喷霜的胶帘布要刷适量汽油,待汽油挥发至无痕迹后再进行贴合(1 分)。

32. 答:帘布按照先后顺序使用(3 分)。要求表面新鲜、无杂物、无喷霜(1 分)。不合格的应停止使用并返回上工序(1 分)。

33. 答:胶片要按照先后顺序使用(3 分)。要求表面新鲜、无杂物、无喷霜(1 分)。不合格的应停止使用并返回上工序(1 分)。

34. 答:钢丝圈总宽度:1.4×根数±0.5 mm(5 分)。

35. 答:钢丝圈总厚度:1.3×根数±0.4 mm(5 分)。

36. 答:差级 5 mm 以下(包括 5 mm):≤3 mm(2 分);差级 5～30 mm(包括 30 mm):≤6 mm(2 分);差级 30 mm 以上:≤10 mm(1 分)。

37. 答:成型各部件要层层压实,帘布筒表面做到“七无”(2 分),整个囊坯做到“四正”(2 分)、“四无”(1 分)。

38. 答:胶片贴合不允许有折子(3 分),偏歪值不大于 2 mm(2 分)。

39. 答:帘布贴合时要层层压实(3 分),有气泡要扎净、压实,有折子要启开展平(1 分),表面喷霜的胶帘布要刷适量汽油,待汽油挥发至无痕迹后再进行贴合(1 分)。

40. 答:帘布按照先后顺序使用(3 分)。要求表面新鲜、无杂物、无喷霜(1 分)。不合格的应停止使用并返回上工序(1 分)。

41. 答:锥度成型鼓可以在贴合时采用平鼓(1 分),然后涨大成锥鼓进行成型作业(1 分),这样既解决了裁断的难题(2 分),又解决了成型的技术问题(1 分)。

42. 答:按照空气弹簧气囊的成型要求,将外瓦曲线分成若干大小瓦(1 分),张开时,符合成型曲线(1 分),叠合时,外接圆直径小于钢丝圈直径(2 分),可将胚料退出(1 分)。

43. 答:空气弹簧气囊成型机主要由成型机主机(1 分)、下压辊装置(1 分)、径向收缩成型机头(1 分)、尾架装置(0.5 分)、整体底座(0.5 分)、气动管路系统和电气控制系统(1 分)等部分组成。

44. 答:尾架总成相对成型鼓可作轴向及自身旋转运动(2 分),并利用风筒的压力及配套的传动装置(1 分),成型时成型机头处于最佳的简支梁受力状态(2 分)。

45. 答:防护等装置缺乏或有缺陷(2 分);设备、设施、工具、附件有缺陷(1 分);个人防护用品用具缺少或有缺陷(1 分);生产场地环境不良(1 分)。

46. 答:缩鼓位置(1 分)、生产时机头涨鼓的位置(2 分)、机头宽度(2 分)。

47. 答:充气时间(1 分)、扣圈前进气(1 分)、扣圈到位延时(2 分)、放气时间(1 分)。

48. 答:面板上指形片(1 分)、小扣圈(1 分)、工装盘旋钮(1 分)必须在中位(2 分)。

49. 答:常用装配工具(1 分)、电工工具(1 分)、检验工具(1 分)、部件试验装置(1 分)、成型机辅助装置等有关拆装、调整用工具(1 分)。

50. 答:(1)查管(0.5 分);(2)低压试通气(0.5 分);(3)功能阀加压(1 分);(4)电磁阀、手动阀手动试验(1 分);(5)高压手动试验(1 分);(6)压力、速度、缓冲值设定(1 分)。

51. 答:在设备检修前,必须熟悉设备(1 分),熟悉该设备的图纸(1 分)、质量要求(1 分)以及工艺(1 分),全面掌握设备的技术状况或运行状况(1 分)。

52. 答:成型设备机械传动机构要求遮蔽全部运动部件(3 分),以隔绝身体任何部分与之接触(2 分)。

53. 答:采用防静电的传动带(2 分),而且作业场所应保持较高湿度(1 分),并安装接地的金属刷把皮带静电荷导入大地或做成导电的传动带并接地以防止静电火花(2 分)。

54. 答:行程开关(2 分)、接近开关(1 分)、光电开关(1 分)、磁性开关(1 分)。

55. 答:设定或调整成型机各种开关的位置,是使各开关处于适当的位置(1 分),从而准确指示出各有关动作的位置信息(2 分),保证各动作运行的秩序和安全(2 分)。

56. 答:鼓肩移动电机(2 分)、传递环移动电机(1 分)、滚压平移电机(1 分)、滚压摆转电机(1 分)。

57. 答:通气通电接通单元(1 分);检查动作安全性(1 分);按钮手动动作,往复多次,调整动作速度、行程,检查相应开关信号(2 分);及时调整动作行程的开关位置(1 分)。

58. 答:装鼓前调好鼓肩位置(1 分);安装左、右侧鼓后应分别测试是否有密封圈窜气现象(2 分);安装中鼓时应特别注意所有螺钉必须安装弹簧垫圈并牢固连接(2 分)。

59. 答:通过调整各调压阀、节流阀、压力开关等使成型鼓的气路动作协调合适、无漏窜气等现象(3 分),使左右钢圈支架前后达到起动快、移动无爬行、到位无振动、左右动作协调等目标(2 分)。

60. 答:传动或输送等回转轴、主轴(2 分);传递环等移动件(1 分);各种压辊(1 分);传动或输送链条、皮带(1 分)。

61. 答:每班成型囊坯的起止编号(5 分)。

62. 答:每批次钢丝圈的进货日期(5 分)。

63. 答:每批次帘布的压延日期(5 分)。

64. 答:以合格数量除以生产数量(4 分)乘以 100%(1 分)。

65. 答:以合格数量除以计划数量(4 分)乘以 100%(1 分)。

66. 答:工人实际操作成型一批同规格的囊坯(1 分),每个囊坯的平均成型时间为该规格囊坯的实测工时(4 分)。

67. 答:在实测工时的基础上(1 分),考虑到正常损耗时间及交接班时间(2 分),将实测工时乘以适当系数,得到倒班工时(2 分)。

68. 答:以腰带的合格数量除以计划数量(3 分)乘以 100%(2 分)。

69. 答:记录在空气弹簧气囊囊坯内外质量记录表中(5 分)。

70. 答:由检查员记录后送车间保存(2 分),保存期为 10 年(3 分)。

六、综 合 题

1. 答:使用卷尺测量帘布、胶片宽度、扣圈盘周长、机头周长、宽度等(2 分);使用量角器测量帘布裁断角度(2 分);使用测厚计测量帘布、胶片厚度(2 分);目测帘布、胶片表面质量及钢丝圈表面质量(2 分)。使用游标卡尺测量腰带(2 分)。

2. 答:贴胶片(1 分)→贴帘布(1 分)→正包(2 分)→扣圈(1 分)→反包(2 分)→贴胶片(1 分)→卸坯(1 分)→修整(1 分)。

3. 答:(1)工具工装:卷尺、测厚仪、剪刀、油壶等(3 分)。(2)检查风压是否符合检查卡片要求(2 分)。(3)检查成型设备的运行是否完好(2 分)。(4)检查供料架上布卷的规格、宽度是否符合工艺卡片,帘布角是否按交叉规律摆放(3 分)。

4. 答:(1)将囊坯置于囊坯刺孔机工作台面上(1 分),踩动踏板,使刺针刺入囊坯(1 分)。穿刺过程中缓慢旋转囊坯(1 分),穿刺均匀、不漏扎(1 分),但不得扎透囊坯内胶(1 分)。(2)囊坯用穿刺机穿刺后,检查是否有断针及其他杂物(1 分),并用手锥补扎气泡、子口部位及其他穿刺机未穿的部位(1 分),胶片气泡产生的明显缺料处补上与该部位相同胶料的胶片,并压实(1 分)。(3)发现囊坯有缺胶、接头开裂等缺陷要及时进行修补、压实(1 分),有异常情况及时报告(1 分)。

5. 答:使帘布筒紧贴鼓面不得翘起,并在帘布筒扣圈部位均匀涂刷汽油(3 分),待汽油挥发至无痕后再行扣圈(3 分),如钢丝圈错位应取下重扣(2 分),钢丝圈扣正后须用后压辊将其压实(2 分)。

6. 答:帘布筒有折子,会使成型后的囊坯局部帘线弯曲(3 分)。伸张不均、受力不一致,造成局部帘线早期截断爆破(3 分)。若帘布筒边部折子多,就会造成胎圈部位包固不紧,影响胎圈压缩系数和钢丝圈底部压缩系数,造成胎圈部位的早期破坏(4 分)。

7. 答:在气囊成型的过程中,帘线需绕过钢丝圈进行反包(2 分)。在反包的过程中,因存在半成品直径的变化,易在反包端点起折(1 分)。这种折子需要在生产过程中用汽油润开,否则在成品组装充气后会出现局部不规则凸起,即上述的打折现象,对产品的使用寿命也有一定的影响(3 分)。针对该种现象,在成型过程中需要将该种折子用汽油润开,然后展平(4 分)。

8. 答:空气弹簧气囊成型各帘布层之间需要一定的压实力(2 分)。若风压过低,会使帘布各层之间不密实,造成层间存有空气,降低附着力,影响成品质量(4 分)。若风压过高,会压劈帘线,同样影响成品质量(4 分)。

9. 答:帘布表面不得有杂物、甩角、宽度不均、折子、露白、弯曲、稀密不均、熟胶痘等缺陷(7 分)。有较严重劈缝、罗股、打弯等毛病的帘布应扯掉(3 分)。

10. 答:第一层与密封胶贴合的帘布层接头压线允许 1~5 根(3 分),其他帘布层接头压线允许 1~3 根(2 分),增强层接头压线允许 1~7 根(3 分),均不得缺线(2 分)。

11. 答:帘布贴合时要层层压实(2 分),有气泡要扎净、压实(2 分),有折子要启开展平(2 分),表面喷霜的胶帘布要刷适量汽油(2 分),待汽油挥发至无痕迹后再进行贴合(2 分)。

12. 答:在机头上贴胶片时,胶片要放正摆平(4 分),均匀用力牵拉胶片(4 分),使其长度伸张不大于 2%(2 分)。

13. 答:布筒接头每层不超过 3 个(2 分),接头间距最小距离不小于 100 mm(2 分),且大于 100 mm 小于 200 mm 的小段帘布不得连续使用(2 分),接头不允许重叠(2 分),相邻层之间接头不得有“#”字形(2 分)。

14. 答:内胶接头宽度为 5~7 mm(2 分),外胶接头宽度为 3~5 mm(2 分),子口护胶接头为 2~4 mm(2 分),同时必须修平、修齐、压实、压牢(4 分)。

15. 答:帘布反包完后,要用后压辊将子口部位压实(4 分),气泡扎尽(4 分),折子展平(2 分)。

16. 答:垫布不倒卷不准使用(2 分),同一卷垫布不允许有断头(2 分),倒好卷的垫布一律整齐码放在地台上(2 分),所有垫布不准落地,保持清洁(2 分)。垫布宽度要大于胶片宽度 80～100 mm(2 分)。

17. 答:检查工具工装是否准备齐全(3 分);检查设备运行是否完好(3 分);检查钢丝圈尺寸、三角胶芯尺寸、包布尺寸及胶片尺寸是否符合工艺卡片要求(4 分)。

18. 答:钢丝圈无变形(2 分),包布无折子(1 分)、无气泡(1 分)、无脱空(1 分);三角胶芯接头要求对接(2 分),无脱开(1 分)、不翘起(1 分)、无缺空(1 分)。

19. 答:使用卷尺测量腰带式气囊护胶胶片宽度(5 分)。在一张胶片上取长度方向间隔大于 200 mm 的位置测宽度,其中一处不合格即为不合格(3 分),若两处宽度均合格,记录表中记录两者的平均值(2 分)。

20. 答:使用卷尺测量腰带式气囊外胶胶片宽度(5 分)。在一张胶片上取长度方向间隔大于 200 mm 的位置测宽度,其中一处不合格即为不合格(3 分),若两处宽度均合格,记录表中记录两者的平均值(2 分)。

21. 答:(1)视觉、听觉等感觉器官不能适应工作、作业岗位的要求,影响安全的因素(2 分)。(2)体能不能适应工作、作业岗位要求的影响安全的因素(2 分)。(3)年龄不能适应工作作业岗位要求的因素(2 分)。(4)有不适合工作作业岗位要求的疾病(2 分)。(5)疲劳和酒醉或刚睡过觉,感觉朦胧(2 分)。

22. 答:(1)全面检查各紧固件的连接和传动件的结合情况(3 分)。(2)检查各润滑点油位和润滑油脂的添加情况(2 分)。(3)全面检查电气、仪表、气路、水路和管路(3 分)。(4)检查安全罩和安全装置是否齐全(2 分)。

23. 答:在机头涨缩到通过手动测量到位的情况下(2 分),把调试界面中"当前鼓涨缩位置"显示的脉冲数设置到当前型号的涨鼓位置(2 分);同上方法设置缩鼓位置(2 分);机头宽度是经过手动测量后将数值设置到相应型号的机头宽度设置栏里(4 分)。

24. 答:正包操作流程:在大扣圈前进到位、气囊前进到位的情况下(2 分),操作正包动作(2 分),首先指型片伸出到位并延时(延时时间在触摸屏上设置),工装盘推小扣圈、气囊、指型片前进到位同时小扣圈开始前进(2 分),收缩指型片实现指型片抓胶筒,小扣圈压合在已抓好的胶筒上并保持一定时间(保持时间在触摸屏上设置),充分黏合(2 分)。完成后,小扣圈后退,到位后指型片后退,正包动作完成(2 分)。

25. 答:调整各动作、运动参数及零部件、开关位置灯使之处于最佳位置(2 分),使整机的动作协调一致(2 分),能按原设计工艺步骤进行连续协调运转(2 分),达到验收标准的各项性能指标(2 分),保证设备的预验收和投入生产(2 分)。

26. 答:空气管路系统包括分水滤气器、油雾器、分气管、电磁阀组、脚踏开关和快速排气阀等(4 分)。其工作过程是由总管来的压缩气体经过分水滤气器和油雾器后(2 分),进入分气管(2 分),而后经调压阀进入各路(2 分)。

27. 答:(1)将囊坯置于囊坯刺孔机工作台面上,踩动踏板,使刺针刺入囊坯。穿刺过程中缓慢旋转囊坯,穿刺均匀、不漏扎,但不得扎透囊坯内胶(4 分)。(2)囊坯用穿刺机穿刺后,检查是否有断针及其他杂物,并用手锥补扎气泡、子口部位及其他穿刺机未穿的部位,胶片气泡产生的明显缺料处补上与该部位相同胶料的胶片，并压实(4分)。(3)发现囊坯有缺胶、接头开裂等缺陷要及时进行修补、压实，有异常情况及时报告(2分)。

28. 答：(1)危害人身安全的时候(2分)；(2)电机冒烟，有臭味或起火时(2分)；(3)发生很大的振动或轴向串动时(2分)；(4)机身或轴承发热到极限(2分)；(5)电机转速慢，并有不正常声音(2分)。

29. 答：机械密封又叫端密封，是旋转轴用的接触式动密封(2分)。工作原理：它是由两块密封元件垂直于轴的，光洁而平直的表面相互贴合，并作相对转动而构成的密封装置(2分)，它是靠弹性构件弹力和密封介质的压力(2分)。在动环与静环接触表面上产生适当的压紧力，使两个端面紧密贴合达到密封的目的是旋转轴用的接触式动密封(2分)。机械密封广泛地应用在石油化工行业及其他行业的旋转泵，各种反应釜及离心式压缩机等机器设备上，是旋转轴用的接触式动密封(2分)。

30. 答：成型设备的传动装置由于部件不符合要求(2分)，如机械设计不合理，传动部分和突出的转动部分外露、无防护等(2分)，或自身安全防护意识差(2分)，不小心及违章操作可能把手、衣服绞入其中造成伤害(2分)，此外，传动过程中的摩擦和高转速等原因，也容易产生静电，引起静电火花，造成火灾事故的发生(2分)。

31. 答：成型时间(1分)、班次(1分)、囊坯编号范围(1分)、内胶编号(1分)、外胶编号(1分)、帘布编号(1分)、钢丝圈号(1分)、成型人员(1分)、检验结果(1分)、检查人员(1分)。

32. 答：内胶编号：内胶的压延批次(2分)；外胶编号：外胶的压延批次(2分)；帘布编号：帘布的压延日期(3分)；钢丝圈号：钢丝圈的进货日期(3分)。

33. 答：实时关注成型产品质量情况(3分)，避免发生批量质量问题(3分)，并为生产计划提供数据支持(4分)。

34. 答：保持工具对质量影响的可追溯性(4分)；减少易耗品损耗；(3分)；确认有效期符合要求(3分)。

35. 答：该规格的合格率(3分)；销售需求(2分)；实测工时(2分)；倒班工时(3分)。

橡胶成型工(高级工)习题

一、填 空 题

1. 通用橡胶中弹性最好的橡胶是(　　)。

2. 在通用橡胶中,(　　)橡胶被誉为“无龟裂”橡胶,它的耐臭氧性能是最好的。

3. 硫化过程可分为三个阶段:第一阶段为诱导阶段,第二阶段为交联反应,第三阶段为(　　)阶段。

4. 压延准备工艺中,热炼工艺分为粗炼和(　　)。

5. 压延过程中,可塑度大,流动性好,半成品表面光滑,压延收缩率(　　)。

6. 粗炼一般采用(　　)方法,即以低辊温和小辊距对胶料进行加工,主要使胶料补充混炼均匀,并可适当提高其可塑性。

7. 压延后辊筒挤压力消失,分子链要恢复卷取状态,所以胶片会沿压延方向(　　)。

8. 生胶随温度的变化有三态,即玻璃态、高弹态和(　　)。

9. 丁苯橡胶是一种(　　)橡胶。

10. 溶液聚合和(　　)聚合是生产合成橡胶常用的聚合方法。

11. 橡胶硫化体系的三个部分是硫化剂、(　　)、促进剂。

12. 促进剂可以降低硫化温度、(　　)硫化时间、减少硫黄用量,又能改善硫化胶的物理性能。

13. 橡胶中常用的填料按作用可分为补强剂和(　　)两大类。

14. 生胶塑炼前的准备工作包括选胶、烘胶和(　　)处理过程。

15. 压延中(　　)的目的是补充混炼均匀,获得必要的热可塑性。

16. 开炼机混炼过程分为三个阶段,包辊、吃粉和(　　)。

17. 混炼胶质量快检有可塑度测定或门尼黏度的测定、密度测定、(　　)、门尼焦烧。

18. 塑炼后的补充加工有:压片或造粒、(　　)、停放、质理检验。

19. 凡是能使橡胶大分子链起交联反应的物质均可称为(　　)。

20. 聚合物的(　　),是指聚合物共混时,在任意比例下都能形成均相体系的能力。

21. 实现单位统一和可靠的测量活动称为(　　)。

22. 计量器具是计量管理工作、加强监督管理的主要对象,管理中分为(　　)计量器具和非强检计量器具。

23. 为给定量制按给定规则确定的一组基本单位和导出单位称为(　　)。

24. 在相同条件下,重复测量同一个被测量,测量仪器提供相近示值的能力称为测量仪器的(　　)。

25. 为定量表示同种量的大小而约定地定义和采用的特定量,叫作(　　)。

26. 危险化学品发生火灾事故进行扑救时,扑救人员应站在(　　)或侧风口。

27. 水基灭火器的灭火机理为(　　)灭火原理。

28. 物质燃烧必须同时具备三个必要条件,即可燃物、(　　)和着火源。

29. 使用手提式干粉灭火器时,应撕去头上的(　　),拔去保险销。

30. 金属钾、钠、镁、铝和金属氢化物等物质发生火灾时,禁止使用(　　)扑救。

31. 国家为防止生产中的伤亡事故,保障劳动者安全而制定的各种法律规范称为(　　)。

32. 将电气设备在正常情况下不带电的金属部分与电网的零线相连接,称为(　　)。

33. 凡移动式照明,必须采用(　　)电压。

34. 低压电器设备的绝缘老化主要是电老化和(　　)。

35. 导致"温室效应"的主要污染物是(　　)。

36. 创伤救护包括(　　)、包扎、固定和搬运四项技术。

37. 消防工作贯彻(　　)、防消结合的原则。

38. 在液体表面产生足够的可燃蒸气,遇火能产生一闪即灭的火焰燃烧现象称为(　　)。

39. 灭火的基本方法是冷却、窒息、(　　)和抑制。

40. 火灾(　　)阶段是扑救火灾最有利的阶段。

41. 泡沫灭火器可分为(　　)和推车式两种。

42. 灭火器压力表用红、黄、绿三色表示压力情况,当指针指在(　　)区域表示正常。

43. 通常为了使离心泵启动,在底部装的阀门叫(　　)。

44. 球阀的基本结构由阀杆、上轴承、球体、下轴承和(　　)组成。

45. 机械设备操作前要进行检查,首先进行(　　)运转。

46. 设备事故按影响生产时间和损失大小分为特大事故、(　　)、一般事故和故障。

47. 空气弹簧气囊压延过程所使用的设备是(　　),胶料在其辊筒的挤压力作用下发生塑性流动变形。

48. 空气弹簧气囊用胶片压延过程中,使用测厚仪对帘布的(　　)进行测量。

49. 在开炼混炼中,胶片厚度约(　　)处的紧贴前辊筒表面的胶层,称为"死层"。

50. 空气弹簧气囊压延过程中,合理的装胶量是在辊距一般为(　　)mm 下两辊间保持适当的堆积胶为准的。

51. 压延机的主要部件是(　　)。

52. 压延后辊筒挤压力消失,分子链要恢复卷取状态,所以胶片会沿压延方向(　　)。

53. 空气弹簧气囊裁断过程中,所裁帘布的规格必须符合相应的(　　)卡片的要求。

54. 空气弹簧气囊胶帘布裁断的质量标准中,接头压线在帘布层处压(　　)根。

55. 空气弹簧气囊裁断裁刀不够锋利时需要进行(　　)处理。

56. 国标中帘线密度是指长度为(　　)cm 时排布的帘线根数。

57. 一般来说,压延工序,含胶量高,膨胀(　　)。

58. 一般来说,压延工序,可塑度小,膨胀(　　)。

59. 压延后的空气弹簧气囊用胶片会出现性能上的(　　)现象,称为压延效应。

60. 空气弹簧气囊用的每件钢丝圈在成型使用前均应进行(　　)。

61. 空气弹簧气囊生产时成型好的钢丝圈在指定位置挂好,并悬挂(　　)。

62. 空气弹簧气囊成型时用(　　)测量钢丝圈断面尺寸。

63. 空气弹簧气囊成型时三角胶芯接头要求(　　),不得搭接。

64. 空气弹簧气囊成型时,成型完的钢丝圈与扣圈盘间隙大于(　　)mm 的禁止使用。

65. 空气弹簧气囊成型时,钢丝圈上有长度小于(　　)mm 的露铜,可以刷胶浆处理使用。

66. 空气弹簧气囊成型时以(　　)来检验钢丝圈直径是否符合要求。

67. 目前钢丝圈压出联动线用挤出机一般是(　　)喂料挤出机。

68. 轨道空气弹簧气囊根据结构形式的不同,除大曲囊、(　　)外,还包括腰带式。

69. 空气弹簧气囊成型时帘布第二层接头压线为(　　)根。

70. 差级 5～30 mm 的空气弹簧气囊帘布贴合单层偏歪值≤(　　)mm。

71. 空气弹簧气囊囊坯的"四无"是指无折子、无掉胶、无杂物、无(　　)。

72. 空气弹簧气囊胶片贴合不允许有折子,偏歪值不大于(　　)mm。

73. 通常所说的空气弹簧气囊囊坯的"四正",是指(　　)、帘布筒正、钢丝圈正、密封胶正。

74. 空气弹簧气囊增强层接头压线允许(　　)根。

75. 空气弹簧气囊外胶胶片贴合(　　)有折子。

76. 空气弹簧气囊子口护胶接头为(　　)mm。

77. 空气弹簧气囊各层帘布之间的角度(　　)排列。

78. 空气弹簧气囊的帘线假定伸张值是指成型及硫化定型过程中假定的轮胎帘线长度与(　　)尺寸的变化率。

79. 空气弹簧气囊成型所用的机头宽度公差为(　　)mm。

80. 空气弹簧气囊成型所用胶帘布的裁断角度公差为(　　)。

81. 空气弹簧气囊成型用胶芯接头方式为(　　)。

82. 空气弹簧气囊成型活折子必须用(　　)润开,方可继续成型。

83. 空气弹簧气囊成型操作胶片压合时,必须保持机头主轴插在(　　)中。

84. 空气弹簧气囊成型用胶芯高度使用(　　)进行测量。

85. 空气弹簧气囊成型过程中,用两(　　)由中向两侧分开滚压压实。

86. 空气弹簧气囊刷汽油要先轻后重,涂刷(　　),不要太多。

87. 空气弹簧气囊成型操作大子口帘布反包时,必须保持机头主轴插在(　　)中。

88. 空气弹簧气囊机头计算过程中,相同的其他条件下,机头直径取值越(　　),机头宽度越宽。

89. 空气弹簧气囊成型用钢丝圈发生粘连时,必须使用(　　)号汽油润开,不得强行分离。

90. 空气弹簧小曲囊气囊子口密封部位(　　)缺胶。

91. 空气弹簧气囊的骨架有(　　)和钢丝圈。

92. 空气弹簧气囊有外胶、内胶和骨架层组成。其中起保护作用的主要是(　　)。

93. 空气弹簧气囊有外胶、内胶和骨架层组成。其中起气密层作用的主要是(　　)。

94. 空气弹簧气囊囊坯的穿刺密度应小于(　　)mm。

95. 空气弹簧气囊发现囊坯有接头裂开应及时(　　)。

96. 空气弹簧胶帘布用垫布(　　)断头。

97. 空气弹簧气囊成型帘布宽度大于(　　)mm,可以正常使用。

98. 空气弹簧气囊成型帘布宽度小于( )mm,禁止使用。

99. 空气弹簧气囊用钢丝圈搭头长度为( )mm±10 mm。

100. 空气弹簧气囊用钢丝圈成型前要通过检验( )的周长来确定钢丝圈直径。

101. 空气弹簧气囊用钢丝圈表面轻微的漏铜可以涂刷( )处理。

102. 空气弹簧气囊用胶帘布粘连时不能用力拉扯,应用( )润开后轻轻分开。

103. 空气弹簧气囊用胶芯的高度公差一般为±( )mm。

104. 空气弹簧气囊用帘布宽度 100 以上且在( )mm 以下时,可以使用,但不能连续使用。

105. 组成机器的最小单元称为( )。

106. 表达单个零件的图样称为( )。

107. 完整的( )可以用来确定各部分的大小和位置。

108. 主要用来支承、包容和保护运动零件或其他零件的是( )零件。

109. 主体部分大多是同轴回转体的是( )零件。

110. 主要由不同直径的同心圆柱面所组成的是( )零件。

111. 零件图中,用以确定零件在部件中位置的基准称为( )基准。

112. 零件图中,用以确定零件在加工或测量时的基准称为( )基准。

113. 零件图中,( )尺寸指影响产品性能、工作精度和配合的尺寸。

114. 零件图中,( )尺寸指非配合的直径、长度、外轮廓尺寸等。

115. 机械制图中,设计时确定的尺寸称为( )。

116. 机械制图中,零件制成后实际测得的尺寸称为( )。

117. 机械制图中,允许零件实际尺寸变化的两个界限值称为( )。

118. 机械制图中,( )可以直观地表示出公差的大小及公差带相对于零线的位置。

119. 机械制图中的汉字应写成( )体。

120. 机械制图中,在标注角度尺寸时,数字应( )书写。

121. 机械制图中,不可见轮廓线采用( )来绘制。

122. 机械制图中,标题栏一般位于图纸的( )。

123. 计算机的主机主要由内存储器和( )组成。

124. 计算机的 CPU 主要由( )和运算器组成。

125. 机械制图中,与三个投影面都倾斜的直线称为( )。

126. 机械制图中,组合体的组合形式有叠加和( )两类。

127. 机械制图中,组合体尺寸标注的基本要求是正确、( )、清晰。

128. 同一零件各剖视图的剖面线方向( )。

129. 机械制图中,断面图分为重合断面和( )。

130. 机械制图中,图纸的图幅分为( )和加长幅面。

131. 机械制图中,图样上标注的尺寸是机件的( )尺寸,与采用的比例无关。

132. 机械制图中,比例是指图中图形与其( )之比。

133. 图纸中要求的字号指的是字体的( )。

134. 尺寸标注中,R 代表的是零件的( )。

135. 机械制图中,斜度指的是斜线对( )的倾斜程度。

136. 轴测投影根据投影方向与投影面的角度不同,分为正轴测和(　　)两大类。

137. 正等轴测图的轴间夹角为(　　),轴向伸缩系数为1。

138. 识读组合体三视图的方法有形体分析法和(　　)分析法。

139. 机械制图中,螺纹的三要素是牙型、直径和(　　)。

140. 主视图所在的投影面称为(　　)。

141. 省略一切标注的剖视图,说明它的剖切平面通过机件的(　　)平面。

142. 外螺纹的规定画法是大径用(　　)线表示。

143. 空气弹簧气囊囊坯成型记录中钢丝圈编号为每批次钢丝圈的(　　)日期。

144. 空气弹簧气囊填写囊坯成型记录时,当内胶、外胶、帘布、钢丝圈编号发生(　　)时,应另填写一行。

145. 空气弹簧气囊囊坯成型记录应由(　　)保存。

146. 空气弹簧气囊囊坯成型记录的保存期为(　　)年。

147. 空气弹簧气囊生产中填写囊坯成型记录的作用主要是为了保证产品的(　　),以便后续质量控制。

148. 空气弹簧气囊成型工具使用记录由(　　)保管。

149. 空气弹簧气囊成型使用工具记录中,应记录(　　)工具的有效期或检定日期。

150. 空气弹簧气囊成型中,一般用(　　)来估算每个规格消耗的胶料。

151. 空气弹簧气囊成型中,内、外胶胶片需求量以宽度、厚度和(　　)表示。

152. 空气弹簧气囊成型中,胶帘布的用量以(　　)表示。

153. 空气弹簧气囊成型中,产品(　　)的计算是以合格品数量除以生产数量。

154. 空气弹簧气囊成型中,产品(　　)过低,表明产品质量发生波动。

155. 空气弹簧气囊成型中,成型机头周长使用(　　)测量。

156. 空气弹簧气囊成型中,中心线使用(　　)来定位。

157. 空气弹簧气囊成型中,生产数量及计划数量等以(　　)数来记录。

158. 空气弹簧气囊成型中,交接班记录本应该每(　　)记录。

159. 空气弹簧气囊成型设备点检时,应检查(　　)、管路等有无泄漏。

160. 空气弹簧气囊成型中,刺孔设备点检时,应检查(　　)有无断针,是否在同一平面。

161. 空气弹簧成型设备点检时,若检查有异常应在相应栏位填写(　　)。

162. 空气弹簧气囊成型过程中,所有半成品的使用顺序都应遵循(　　)原则。

163. 空气弹簧气囊成型中,在囊坯上写明成型信息的目的是为了保持产品的(　　)。

164. 质量检验所提供的客观证据是要证实产品的(　　)满足规定要求。

165. 质量检验记录是是证实(　　)的证据。

166. 持续改进可以通过纠正措施和(　　)来执行。

167. 根据企业规定,(　　)人员负责工装模具的设计、审核、工艺审查等工作。

168. 只有在产品(　　)通过后才能进行正式批量生产。

169. 从检验批中只抽取一个样本就对该批产品作出是否接收的判断称为(　　)检验。

170. 抽样方案一般分为计数型抽样方案和(　　)抽样方案。

171. 所谓(　　)是指具有毒害、腐蚀、爆炸、燃烧、助燃等性质,对人体、设施、环境具有危害的剧毒化学品和其他化学品。

172. 危险化学品安全管理，应当坚持（ ）、预防为主、综合治理的方针，强化和落实企业的主体责任。

173. 职业病的分类和目录由国务院（ ）行政部门会同国务院安全生产监督管理部门、劳动保障行政部门制定、调整并公布。

174. 职业病防治工作坚持（ ）、防治结合的方针，建立用人单位负责、行政机关监管、行业自律、职工参与和社会监督的机制，实行分类管理、综合治理。

175. 化工行业工厂应经常性对生产作业场所职业病危害因素进行监测与防护，对重点（ ）岗位必须采取有效的防护措施。

176. 化工行业工厂应对有毒有害岗位定期进行（ ）检测，并公布检测数据，接受职工监督。

177. 技术总结的特点为真实性、理论性、（ ）。

178. 技术总结可以以时间分类，一种为定期性，如按年、月撰写，也可以（ ）为阶段撰写。

179. 质量问题预案编写中应明确相应组织机构及其（ ）。

180. 由于一线员工容易接受通俗易懂的内容，因此编写培训讲义要有（ ），贴近生产实际，不能过于深奥。

181. 橡胶成型工职业等级分为（ ）个等级。

182. 橡胶成型工在本岗位连续见习工作（ ）年以上即可申报初级职业鉴定。

183. 橡胶成型操作工的初、中、高三级的技能要求依次递进，高级别涵盖（ ）的要求。

184. 橡胶成型中级工的技能要求包括成型操作、设备保养与维护、工艺计算与（ ）。

185. 中级橡胶成型工要求能操作不同型号的（ ）设备，能对成型后有缺陷的产品进行返修。

186. 高级橡胶成型工要求操作中能处理成型生产发生的质量问题，分析原因，提出预防与（ ）措施。

187. 高级橡胶成型工与中级橡胶成型工的在操作设备上的区别是高级工能操作（ ）不同种类不同型号的成型设备。

188. 高级橡胶成型工较中级工在理论知识要求和技能操作要求上均多了一项为（ ）。

189. 企业中基本作业单位是（ ），它是企业内部最基层的劳动和管理组织。

190. 班组（ ）是企业组织生产的生命线。班组管理的过程，也就是班组沟通的过程。

二、单项选择题

1. 压延后的胶片会收缩变形，其中厚度会（ ）。

(A)变大　(B)变小　(C)不变　(D)不确定

2. 能增加促进剂活性，配入胶料中能减少促进剂用量，缩短硫化时间，提高硫化胶硫化度的是（ ）。

(A)促进剂　(B)活性剂　(C)填充剂　(D)防老剂

3. 常用的物理增塑剂有（ ）。

(A)炭黑　(B)硫黄　(C)促进剂　(D)松焦油

4. 下列材料中，（ ）指废旧橡胶制品经粉碎、再生和机械加工等物理化学作用，使其有弹性状态变成具有塑性及黏性状态,并且能够再硫化的材料。

(A)丁基橡胶　(B)烟片胶　(C)再生橡胶　(D)顺丁橡胶

5. 下列材料中,(　　)在大的变形下能迅速而有力恢复其形变,能够被改性。定义中所指的改性实质上是指硫化。

(A)橡胶　(B)混炼胶　(C)生胶　(D)硫化后的橡胶

6. 顺丁橡胶生胶或未硫化胶停放时会因自重发生流动,即(　　)。

(A)顺流　(B)冷流　(C)逆流　(D)回流

7. 橡胶的最宝贵的性质是(　　)。但是,这种性质又给橡胶的硫化带来了较大的困难。

(A)耐透气性　(B)可塑性　(C)高弹性　(D)耐磨性

8. 一般天然橡胶中含有橡胶烃(　　)。

(A)92%～95%　(B)8%　(C)5%　(D)5%～8%

9. 选项中(　　)等含有异戊二烯单元的橡胶在热氧老化过程中都是以分子链断裂为主。

(A) 丁基橡胶　(B)丁苯橡胶　(C)顺丁橡胶　(D)天然橡胶

10. 一个完整的(　　)主要由硫化剂(交联剂)、促进剂、活性剂所组成。

(A)补强体系　(B)防护体系　(C)硫化体系　(D)软化体系

11. 生胶温度升高到流动温度时成为黏稠的液体,在溶剂中发生溶胀和溶解,必须经(　　)才具有实际用途。

(A)氧化　(B)硫化　(C)萃取　(D)过滤

12. 线型聚合物在化学的或物理的作用下,通过化学键的连接,成为(　　)结构的化学变化过程称为硫化(或交联)。

(A)线形　(B)空间网状　(C)菱形　(D)三角形

13. 橡胶的硫化除了硫化剂外,同时还加入(　　)、助交联剂、防焦剂抗硫化返原剂等,组成硫化体系。

(A)促进剂、氧化剂　(B)活化剂、氧化剂　(C)促进剂、活化剂　(D)活性剂、氧化剂

14. 凡能提高硫化橡胶的拉断强度、定伸强度、耐撕裂强度、耐磨性等物理机械性能的配合剂,均称为(　　)。

(A)促进剂　(B)补强剂　(C)活化剂　(D)硫化剂

15. 白炭黑的补强效果随不同的橡胶而异,(　　)。

(A)对极性橡胶的补强作用比非极性橡胶的大

(B)对极性橡胶的补强作用比非极性橡胶的小

(C)对极性橡胶的补强作用与非极性橡胶的相同

(D)以上说法均不对

16. 与炭黑相比较,填充白炭黑的胶料定伸强度较(　　),伸长率较(　　),弹性和耐热性较好,但硬度较(　　)。

(A)高、好、低　(B)低、好、高　(C)高、差、低　(D)高、好、低

17. 橡胶胶料的加工,硬度在硫化开始后即迅速(　　),在正硫化点时基本达到(　　),(　　)硫化时间,硬度基本保持恒定。

(A)减小、最小值、减少　(B)增大、最大值、延长

(C)减小、最大值、延长　(D)增大、最小值、延长

18. 关于硫化胶的结构与性能的关系,下列表述正确的是(　　)。
(A)硫化胶的性能仅取决被硫化聚合物本身的结构
(B)硫化胶的性能取决于主要由硫化体系类型和硫化条件决定的网络结构
(C)硫化胶的性能取决于硫化条件决定的网络结构
(D)硫化胶的性能不仅取决被硫化聚合物本身的结构,也取决于主要由硫化体系类型和硫化条件决定的网络结构

19.(　　)在伸长时能取向结晶,使拉伸强度大大(　　)。
(A)非结晶性橡胶,降低　(B)结晶性橡胶,提高
(C)非结晶性橡胶,提高　(D)结晶性橡胶,降低

20. 橡胶和橡胶制品在加工、储存或使用过程中,因受外部环境因素的影响和作用,出现性能逐渐变坏,直至丧失使用价值的现象称为(　　)。
(A)氧化　(B)硫化　(C)老化　(D)焦烧

21. 橡胶的加工的基本工艺过程为:塑炼、(　　)、压延、压出、成型 、硫化。
(A)塑化　(B)水洗　(C)混炼　(D)锻压

22. 加入(　　)可以改善填料的混炼特性。
(A)硫黄　(B)增黏剂　(C)软化剂　(D)促进剂

23. 描述配合剂是否容易混入橡胶中以及是否容易分散的是(　　)。
(A)包辊性　(B)冷流性　(C)焦烧性　(D)混炼性

24. 计量的(　　)是指测量结果与被测量真值的一致程度。
(A)一致性　(B)溯源性　(C)准确性　(D)法制性

25. 构成我国法定计量单位的是(　　)。
(A)SI 单位　(B)米制单位
(C)SI 单位和国家选定的其他单位　(D)国家标准 GB 3100—93 中的单位

26. 常见的爆炸有(　　)。
(A)物理爆炸和化学爆炸　(B)物理爆炸和核爆炸
(C)人为爆炸和化学爆炸　(D)化学爆炸和气体爆炸

27. 室外消火栓的间距不应超过(　　),保护半径不应超过 150 m。
(A)60 m　(B)90 m　(C)120 m　(D)100 m

28. 扑灭固体物质火灾需用(　　)灭火器。
(A)BC 型干粉　(B)ABC 型干粉　(C)泡沫　(D)二氧化碳

29. 以下物质火灾中,属于 D 类火灾的物质是(　　)。
(A)钠　(B)铜　(C)磷　(D)木材

30. 有人触电导致呼吸停止、心跳停跳,此时在场人员应(　　)。
(A)迅速将伤员送往医院　(B)迅速做心肺复苏
(C)立即拨打急救电话　(D)不作为

31. 创伤急救,必须遵循"三先三后"的原则,对出血病人应该(　　)。
(A)先止血后搬运　(B)先送医院后处置　(C)先搬运后止血　(D)先固定后搬运

32. 采用胸外心脏按压术抢救伤员时,按压速率每分钟约(　　)次。
(A)50～60　(B)80～100　(C)60～80　(D)90～120

33. 对(　　)损伤的伤员,要严禁让其站起、坐立和行走。

(A)脊柱　　(B)腹部　　(C)头部　　(D)胸部

34. 以下不是重度一氧化碳中毒患者常见并发症的是(　　)。

(A)休克　　(B)呼吸衰竭　　(C)脑水肿　　(D)急性心肌梗死

35. 慢性酒精中毒常见合并症不包括(　　)。

(A)慢性胃炎　　(B)酒精性肝硬化　　(C)周围神经炎　　(D)精神分裂症

36. 院前急救处理病人时遵循(　　)的顺序最为可靠。

(A)从躯干到四肢　　(B)从头到脚

(C)哪里出血先处理哪里　　(D)个人习惯

37. 减少"白色污染",我们应该自觉地不用、少用(　　)。

(A)一次性用品　　(B)纸制品

(C)难降解的塑料包装袋　　(D)橡胶制品

38. 工业三废是指(　　)。

(A)废水、废料、废渣　　(B)废水、废气、废料

(C)废水、废气、废渣　　(D)废水、废气、废物

39. 下列不是阀门作用的是(　　)。

(A)接通和截断介质　(B)调节介质的流量　(C)调节介质的温度　(D)调节管道压力

40. 下列不属于旋塞阀结构部件的是(　　)。

(A)阀瓣　　(B)塞子　　(C)填料　　(D)阀体

41. 安装法兰或者螺纹的阀门时,阀门应该在(　　)状态下。

(A)打开　　(B)关闭　　(C)半开半闭　　(D)打开或者关闭

42. 下列不属于设备使用维护工作的"三好"的是(　　)。

(A)管好　　(B)用好　　(C)修好　　(D)养好

43. 压延工艺是以(　　)过程为中心的联动流水作业形式。

(A)成型　　(B)硫化　　(C)压延　　(D)挤出

44. 压延时胶料会发生塑性流动变形,在长度方向上表现为长度(　　)。

(A)延长　　(B)缩短　　(C)不变　　(D)不确定

45. 压延时在最小辊距的(　　)处胶料流动快,从而在辊筒上形成速度梯度,产生剪切,使胶料产生塑性变形。

(A)两边　　(B)偏左　　(C)偏右　　(D)中央

46. 压延后辊筒挤压力消失,分子链要恢复卷取状态,所以胶片会沿压延方向(　　)。

(A)伸长　　(B)收缩　　(C)不变　　(D)不确定

47. 热炼的作用在于恢复(　　)和流动性,使胶料进一步均化。

(A)热塑性　　(B)内应力　　(C)硬度　　(D)弹性

48. 辊温对压延质量的影响较大,辊温(　　),流动性好,表面光滑。

(A)高　　(B)低　　(C)过高　　(D)过低

49. 压延过程中,可塑度大,流动性好,半成品表面光滑,压延收缩率(　　)。

(A)高　　(B)低　　(C)一般　　(D)不确定

50. 压延工艺中,胶料可以在压延机辊筒的挤压力作用下发生(　　)流动和变形。

(A)塑性　(B)柔性　(C)刚性　(D)永久性

51. 手动测厚仪主要用于压延速率(　　)的帘布压延生产,应采用多点测量,尽量缩短测量间隔的时间。

(A)慢　(B)快　(C)随意　(D)不确定

52. 已浸胶的纺织物,在压延前需要(　　)。

(A)烘干　(B)制浆　(C)刮浆　(D)整形

53. 胶片接头表面打磨麻面的目的是(　　)

(A)增加接触面积　(B)去除表面杂质　(C)排气　(D)防滑

54. 供胶过程中,供胶速度应与压延耗胶速度(　　)。

(A)较快　(B)较慢　(C)相同　(D)随意

55. 供胶过程中,宽度方向供胶要均匀,供胶宽度(　　)压延胶片宽度。

(A)大于　(B)等于　(C)小于　(D)不确定

56. 压延过程中,发现胶片打褶或其他情况应该(　　)。

(A)立刻停车　(B)继续压延　(C)报告领导　(D)无所谓

57. 下列关于压延机安全操作规程的叙述,错误的是(　　)。

(A)送料用拳头推,不准用手指　(B)塞料不准带手套

(C)塞料过程应开快速车挡　(D)测厚时手应离开托辊 60cm

58. 空气弹簧气囊帘布压延过程中,要适时用(　　)对帘布厚度进行测量。

(A)游标卡尺　(B)钢板尺　(C)螺旋测微仪　(D)测厚仪

59. 空气弹簧气囊帘布接头压线的衡量方法是(　　)。

(A)目测　(B)游标卡尺测量　(C)卷尺测量　(D)螺旋测微器测量

60. 空气弹簧气囊用钢丝圈生产出后,至少停放(　　)方可使用。

(A)2 小时　(B)12 小时　(C)一天　(D)两天

61. 空气弹簧气囊用钢丝圈的存放温度不得低于(　　)。

(A)18 ℃　(B)22 ℃　(C)16 ℃　(D)20 ℃

62. 空气弹簧气囊成型环境温度要求范围不低于(　　)。

(A)25 ℃　(B)22 ℃　(C)18 ℃　(D)10 ℃

63. 空气弹簧气囊成型过程中,使用(　　)对胶片厚度进行测量。

(A)直尺　(B)测厚仪　(C)游标卡尺　(D)钢板尺

64. 空气弹簧气囊帘布反包完毕后,要用(　　)将子口部位压实,气泡扎尽,折子展平。

(A)后压辊　(B)侧压辊　(C)下压辊　(D)手压辊

65. 空气弹簧气囊外层胶主要起(　　)作用。

(A)保护　(B)气密层　(C)骨架　(D)承受外力

66. 空气弹簧气囊内层胶主要起(　　)作用。

(A)保护　(B)气密层　(C)骨架　(D)承受外力

67. 空气弹簧气囊帘布层主要起(　　)作用。

(A)保护　(B)气密层　(C)骨架　(D)以上说法都不对

68. 腰带式空气弹簧气囊腰带主要作用是(　　)。

(A)约束外形　(B)装饰　(C)骨架　(D)气密层

69. 空气弹簧气囊成型有熟胶痘的胶片(　　)。
(A)正常使用　(B)禁止使用
(C)胶痘面积小于 2 m^2 正常使用　(D)以上说法均不对
70. 以下空气弹簧气囊成型过程中的半成品缺陷可以修理的有(　　)。
(A)帘布活折子　(B)胶片厚度超标　(C)帘线劈缝　(D)帘布厚度超标
71. 以下空气弹簧气囊囊坯扎眼用刺孔机的要求不正确的是(　　)。
(A)无断针　(B)无缺针　(C)无斜针　(D)针径不能一致
72. 空气弹簧气囊囊坯自检频次为(　　)。
(A)全检　(B)50%抽检　(C)10%抽检　(D)30%抽检
73. 空气弹簧气囊囊坯刺孔要求针径为 ϕ(　　)。
(A)1.5 mm　(B)2.5 mm　(C)3.5 mm　(D)5 mm
74. 空气弹簧气囊囊坯刺孔要求孔距应小于(　　)。
(A)5 mm　(B)30 mm　(C)35 mm　(D)40 mm
75. 空气弹簧气囊囊坯检查过程中,发现有接头开裂现象应(　　)。
(A)压实　(B)贴胶片修补　(C)继续正常使用　(D)废品处理
76. 空气弹簧气囊成型过程中,若发现外胶杂质,则(　　)。
(A)不能使用　(B)杂质直径小于 2 mm 可以正常使用
(C)视杂质材质而定使用方法　(D)以上说法都不对
77. 大曲囊空气弹簧气囊成型过程中,若钢丝圈出现外伤永久变形,则(　　)。
(A)杂质区域长度小于 20 mm 可以正常使用
(B)不能使用
(C)视变形形状而定使用方法
(D)以上说法都不对
78. 空气弹簧气囊小曲囊成型过程中,若出现扣圈偏歪,则(　　)。
(A)利用反包的力量拉正　(B)利用圆周的反包顺序拉正
(C)取下重扣　(D)以上说法都不对
79. 空气弹簧腰带式气囊成型过程中,若发现腰带松散,则(　　)。
(A)利用腰带包布力量拉紧　(B)利用腰带包胶的力量拉紧
(C)报废处理　(D)以上说法都不对
80. 空气弹簧气囊囊坯扎眼深度要求是(　　)。
(A)扎透内胶　(B)扎透外胶　(C)不扎透外胶　(D)不扎透内胶
81. 以下空气弹簧气囊囊坯扎眼要求错误的是(　　)。
(A)快速旋转囊坯　(B)穿刺均匀　(C)不漏扎　(D)不扎透内胶
82. 空气弹簧气囊成型若使用成型棒时,手要离成型棒(　　)以上。
(A)15 mm　(B)10 mm　(C)100 mm　(D)150 mm
83. 空气弹簧气囊帘布贴合要(　　)压实。
(A)层层　(B)隔层　(C)单号层　(D)双号层
84. 空气弹簧气囊按成型工艺分为一段成型法和(　　)。
(A)卸鼓肩成型法　(B)二段成型法　(C)手工成型法　(D)机械成型法

85. 空气弹簧气囊成型，对钢丝圈宽度的测量使用(　　)。
(A)卷尺　(B)直尺　(C)游标卡尺　(D)螺旋测微器
86. 空气弹簧气囊在成型机头上贴合帘布筒时，帘布角度要(　　)排列。
(A)平行　(B)错开　(C)重叠　(D)交叉
87. 空气弹簧气囊成型要均匀涂刷(　　)，特别是胶片接头位置，以确保新鲜面黏合。
(A)汽油　(B)胶糊　(C)水　(D)胶油
88. 空气弹簧气囊外胶起毛前要先涂刷(　　)。
(A)汽油　(B)胶糊　(C)水　(D)胶油
89. 使用(　　)，使胶料在其辊筒的挤压力作用下发生塑性流动变形的过程称为压延。
(A)开炼机　(B)密炼机　(C)成型机　(D)压延机
90. 预防空气弹簧气囊硫化气泡的成型措施有(　　)。
(A)不用汽油　(B)层层压实　(C)少量用水　(D)用胶油替代汽油
91. 空气弹簧气囊增强层作用是(　　)。
(A)预防气泡　(B)提高爆破压力　(C)过渡材料分布　(D)以上都不对
92. 空气弹簧气囊增强层角度要与囊体帘线角度(　　)。
(A)平行　(B)错开　(C)重叠　(D)交叉
93. 预防空气弹簧气囊硫化后沿帘线方向凸起的成型措施有(　　)。
(A)严格执行帘线接头搭接压线工艺　(B)接头对接
(C)接头负压线　(D)以上说法都不对
94. 空气弹簧气囊腰带钢丝圈接头要求为(　　)。
(A)对接　(B)搭接　(C)重叠　(D)交叉
95. 空气弹簧气囊腰带外缠绕胶片配方一般与(　　)配方一致。
(A)外胶　(B)内胶　(C)帘布胶　(D)胶芯胶
96. 空气弹簧气囊用钢丝圈表面轻微的漏铜要涂刷(　　)处理。
(A)汽油　(B)胶糊　(C)水　(D)胶油
97. 空气弹簧气囊用钢丝圈粘连时，不能用力拽开，要涂刷(　　)后轻轻拉开。
(A)汽油　(B)胶糊　(C)水　(D)胶油
98. 空气弹簧气囊成型过程中，检验钢丝圈的工装为(　　)。
(A)绕圈器　(B)游标卡尺　(C)扣圈盘　(D)卷尺
99. 空气弹簧气囊成型过程中，不合格的半成品(　　)。
(A)可以降级使用　(B)不影响质量的情况下可以自行正常使用
(C)禁止使用　(D)以上说法都不对
100. 计算机的存储系统一般是指主存储器和(　　)。
(A)累加器　(B)寄存器　(C)辅助存储器　(D)鼠标器
101. 计算机的操作系统是一种(　　)。
(A)系统软件　(B)操作规范　(C)编译系统　(D)应用软件
102. 计算机中，通常 DOS 将常用命令归属于(　　)。
(A)外部命令　(B)内部命令　(C)系统命令　(D)配置命令
103. 1946 年世界上有了第一台电子数字计算机，奠定了至今仍然在使用的计算机的(　　)。

(A)外型结构 (B)总线结构 (C)存取结构 (D)体系结构

104. 在计算机应用领域里,( )是其最广泛的应用方面。

(A)过程控制 (B)科学计算 (C)数据处理 (D)计算机辅助系统

105. 空气弹簧气囊成型设备使用过程中主电机超载,温度骤升的处理方法错误的是( )。

(A)检测修理控制线路 (B)修理和更换电机

(C)更换弹簧 (D)更换接近开关

106. 计算机工作最重要的特征是( )。

(A)高速度 (B)高精度

(C)存储程序和程序控制 (D)记忆力强

107. 下列不属于空气弹簧气囊成型设备常见故障的是( )。

(A)卸胚困难 (B)压辊不工作 (C)电机停转 (D)机头折断

108. CAD 是计算机的主要应用领域,它的含义是计算机( )。

(A)辅助教育 (B)辅助测试 (C)辅助设计 (D)辅助管理

109. "计算机的辅助( )"的英文缩写为 CAM。

(A)制造 (B)测试 (C)设计 (D)管理

110. 计算机之所以能实现自动连续运算,是由于采用了( )原理。

(A)布尔逻辑 (B)存储程序 (C)数字电路 (D)集成电路

111. 用计算机进行资料检索工作,是属于计算机应用中的( )。

(A)科学计算 (B)数据处理 (C)实时控制 (D)人工智能

112. 计算机用于解决科学研究与工程计算中的数学问题,称为( )。

(A)数值计算 (B)数学建模 (C)数据处理 (D)自动控制

113. 计算机中的所有信息都是以( )的形式存储在机器内部的。

(A)字符 (B)二进制编码 (C)BCD 码 (D)ASCII 码

114. 在计算机内,多媒体数据最终是以( )形式存在的。

(A)字符 (B)二进制代码 (C)BCD 码 (D)ASCII 码

115. 在计算机中,bit 的中文含义是( )。

(A)二进制位 (B)双字 (C)字节 (D)字

116. 用一个字节最多能编出( )不同的码。

(A)8 个 (B)16 个 (C)128 个 (D)256 个

117. 计算机中存储和处理数据的基本单位是( )。

(A)bit (B)Byte (C)GB (D)KB

118. 1 字节表示( )位。

(A)1 (B)4 (C)8 (D)10

119. 计算机的三类总线中,不包括( )。

(A)控制总线 (B)地址总线 (C)传输总线 (D)数据总线

120. 启动 Windows 系统时,要想直接进入最小系统配置的安全模式,按( )键。

(A)F7 (B)F8 (C)F9 (D)F10

121. Windows 的目录结构采用的是( )。

(A)树形结构　(B)线形结构　(C)层次结构　(D)网状结构

122. 下列比例中表示放大比例的是(　　)。

(A)1∶1　(B)2∶1　(C)1∶2　(D)1∶3

123. 机械制图中,一般不标注单位,默认单位是(　　)。

(A)mm　(B)m　(C)cm　(D)km

124. 在三视图中,主视图反映物体的(　　)。

(A)长和宽　(B)长和高　(C)宽和高　(D)不确定

125. 半剖视图选用的是(　　)剖切面。

(A)单一　(B)几个平行的　(C)几个相交的　(D)其他

126. 机件向不平行于任何基本投影面的平面投影所得的视图叫(　　)。

(A)局部视图　(B)斜视图　(C)基本视图　(D)向视图

127. 在半剖视图中,半个视图与半个剖视图的分界线用(　　)表示。

(A)粗实线　(B)细实线　(C)细点划线　(D)波浪线

128. 用5∶1的比例画机件,若图纸上该机件长30 mm,则该机件实际长度为(　　)。

(A)5 mm　(B)30 mm　(C)6 mm　(D)150 mm

129. 尺寸应该尽量标注在(　　)上。

(A)主视图　(B)俯视图　(C)左视图　(D)特征视图

130. 圆的直径一般标注在(　　)上。

(A)主视图　(B)俯视图　(C)左视图　(D)非圆视图

131. 六个基本视图中最常用的是(　　)视图。

(A)主、右、仰　(B)主、俯、左　(C)后、右、仰　(D)主、左、仰

132. 计算机网络的特点是(　　)。

(A)运算速度快　(B)精度高　(C)资源共享　(D)内存容量大

133. 计算机网络的目标是实现(　　)。

(A)数据处理　(B)文献检索

(C)资源共享和信息传输　(D)信息传输

134. 万维网WWW以(　　)方式提供世界范围的多媒体信息服务。

(A)文本　(B)信息　(C)超文本　(D)声音

135. 因特网上每台计算机有一个规定的"地址",这个地址被称为(　　)地址。

(A)TCP　(B)IP　(C)Web　(D)HTML

136. IP地址用4个十进制整数表示时,每个数必须小于(　　)。

(A)128　(B)64　(C)1 024　(D)256

137. 在计算机网络中WAN表示(　　)。

(A)有线网　(B)无线网　(C)局域网　(D)广域网

138. 空气弹簧气囊囊坯成型记录中,帘布编号指的是每批次帘布的(　　)日期。

(A)采购　(B)进货　(C)压延　(D)使用

139. 空气弹簧气囊囊坯生产记录中,内胶、外胶编号指的是胶片的(　　)批次号。

(A)混炼　(B)压延　(C)裁断　(D)以上皆错

140. 空气弹簧气囊囊坯成型记录中,检验结果由(　　)人员或专检人员填写。

(A)自检 (B)班长 (C)操作 (D)以上皆错

141. 空气弹簧气囊囊坯成型记录的最主要作用是( )。

(A)保持可追溯性 (B)统计产量 (C)统计合格率 (D)以上皆错

142. 填写空气弹簧气囊囊坯成型记录时,当半成品编号发生变化,应( )。

(A)另填写一行 (B)在发生变化的表格内注明

(C)备注中说明 (D)以上皆错

143. 空气弹簧气囊成型工具使用记录不必包括测量工具的( )。

(A)有效期 (B)名称 (C)检定标识 (D)品牌

144. 空气弹簧气囊成型下达胶片需求时,除了注明规格外,还要注明用量,用量一般用( )表明。

(A)长度 (B)宽度 (C)重量 (D)以上皆错

145. 空气弹簧气囊成型中,一般用帘布的( )乘以单价来核算成本。

(A)长度 (B)宽度 (C)重量 (D)面积

146. 空气弹簧气囊成型中,钢丝圈的用量以( )为单位。

(A)个数 (B)长度 (C)重量 (D)以上皆错

147. 空气弹簧气囊成型过程中,胶片的接头必须( )。

(A)修平压实 (B)搭接 5 mm 以上 (C)对接 (D)以上皆错

148. 空气弹簧气囊成型中,产品合格率在囊坯内外质量记录表中记录。关于囊坯质量记录表中的记录人,下面说法正确的是( )。

(A)记录人是指检查人员 (B)记录人必须是操作者

(C)记录人可以是无关人员 (D)以上皆错

149. 空气弹簧气囊成型中,产品合格率在囊坯内外质量记录表中记录。其中缺陷名称是指( )卡片中规定的所有缺陷。

(A)成型工艺 (B)成型检查 (C)囊坯检查 (D)以上皆错

150. 空气弹簧气囊成型中,外胶定位以( )为指示。

(A)光标 (B)卷尺测量 (C)目测 (D)以上皆错

151. 空气弹簧气囊成型中,外胶尺寸用( )进行测量。

(A)光标 (B)卷尺或钢板尺 (C)肉眼估算 (D)以上皆错

152. 空气弹簧气囊成型中,机头周长用( )进行测量。

(A)光标 (B)卷尺 (C)钢板尺 (D)以上皆错

153. 空气弹簧气囊成型中,产量记录在下面( )表格中没有记录。

(A)囊坯内外质量表 (B)交接班记录 (C)成型记录 (D)设备点检表

154. 空气弹簧气囊成型中,设备点检表中某项出现异常应该在相应栏位填写( )。

(A)√ (B)× (C)O (D)以上皆错

155. 气囊成型设备点检记录表中关于设备负责人与设备点检人员,说法正确的是( )。

(A)必须是同一人 (B)可以不为同一人

(C)设备点检人员不能是成型操作人员 (D)以上皆错

156. 气囊成型设备点检记录表中关于设备点检人员,说法正确的是( )。

(A)点检人员不必签字　(B)谁使用谁点检
(C)谁管理谁签字　(D)以上皆错

157. 空气弹簧气囊成型中,囊坯有效期(　　)。
(A)90天　(B)45天　(C)不用控制　(D)根据胶料情况确定

158. 增强满足要求的能力的循环活动是(　　)。
(A)纠正措施　(B)预防措施　(C)质量改进　(D)持续改进

159. 阐明所取得的结果或提供所完成活动的证据的文件称为(　　)。
(A)程序文件　(B)记录　(C)质量计划　(D)质量手册

160. 重点主要是确保产品质量符合规范和标准的质量管理阶段是(　　)。
(A)早期质量管理　(B)统计质量控制　(C)全面质量管理　(D)质量检验

161. 质量检验的实质是(　　)。
(A)事前预防　(B)事后把关　(C)全面控制　(D)应用统计

162. 认为质量产生、形成和实现的过程中的每个环节都或轻或重地影响着最终的质量状况的质量管理是(　　)的质量管理。
(A)全过程　(B)全企业　(C)全员　(D)全面

163. 根据企业规定,(　　)人员负责工装模具的设计、审核、工艺审查等工作。
(A)技术工艺　(B)质量控制　(C)采购　(D)其他

164. 随机抽样有两种方法,一种是抽签法,另一种是(　　)。
(A)随机数法　(B)分层抽样法　(C)系统抽样法　(D)其他

165. 当总体中的个体数较多时,采用(　　)更适合。
(A)随机数法　(B)分层抽样法　(C)系统抽样法　(D)其他

166. 危险化学品安全管理,应当坚持(　　)的方针,强化和落实企业的主体责任。
(A)安全第一、预防为主、综合治理　(B)预防为主,防消结合
(C)预防为主、防治结合　(D)以上皆错

167. 职业病的分类和目录由国务院(　　)行政部门会同国务院安全生产监督管理部门、劳动保障行政部门制定、调整并公布。
(A)卫生　(B)经济　(C)司法　(D)其他

168. 职业病防治,应当坚持(　　)的方针,建立用人单位负责、行政机关监管、行业自律、职工参与和社会监督的机制,实行分类管理、综合治理。
(A)安全第一、预防为主、综合治理　(B)预防为主,防消结合
(C)持预防为主、防治结合　(D)以上皆错

169. 职业卫生,是指为预防、控制和消除职业危害,保护和增进劳动者健康,提高工作生命质量,依法采取的一切卫生技术或者管理措施。它的首要任务是(　　),保护劳动者的健康。
(A)识别、评价和控制不良的劳动条件　(B)确认职业病危害
(C)建立职业病防护体系　(D)以上皆错

170. 下面(　　)不是技术总结的特点。
(A)真实性　(B)目的性　(C)理论性　(D)文学性

171. 技术总结撰写可以按年、季、月撰写,也可以以(　　)为时间单位撰写。

(A)工作周期　　(B)离职时间　　(C)产品周期　　(D)以上皆错

172. 质量问题预案编写中应明确相应(　　)及其职责。

(A)组织机构　　(B)管理人员　　(C)负责人员　　(D)以上皆错

173. 质量问题预案编写中,下面说法正确的是(　　)。

(A)所有质量问题都要编写预案

(B)对可能造成重大损失的质量问题必须编写预案

(C)预案中不必体现质量问题的严重程度

(D)以上皆错

174. 质量问题预案编写中,下面说法正确的是(　　)。

(A)所有质量问题都要编写预案

(B)应写明出现质量问题时的处理流程

(C)应写明相应管理人员及其职责

(D)以上皆错

175. 要确保培训内容的(　　),首先则是要进行全面的调查工作,了解企业当前存在的不足和员工的真正需求。

(A)针对性　　(B)可行性　　(C)有效性　　(D)全面性

176. 对于生产一线的操作员工来讲,它们更容易接受通俗易懂的内容,最好是能让其结合工作当中的实际情况予以理解。这就要求在培训深度上要考虑其(　　)。

(A)针对性　　(B)可行性　　(C)有效性　　(D)全面性

177. 国家职业标准由(　　)组织制定并统一颁布。

(A)劳动和社会保障部　　(B)人事部

(C)国务院办公厅　　(D)以上皆错

178. 橡胶成型工的技能操作要求中,初级较中级和高级多了一项内容为(　　)

(A)成型操作　　(B设备保养与维护

(C)工艺计算与记录　　(D)工艺准备

179. 橡胶成型工的技能操作要求中,初中高三个级别的(　　)占比相同。

(A)成型操作　　(B)设备保养与维护

(C)工艺计算与记录　　(D)工艺准备

180. 能处理成型生产发生的质量问题,分析原因,并提出预防及改进措施的是(　　)级操作工需具备的基本技能。

(A)初　　(B)中　　(C)高　　(D)以上皆可

181. 能组织并确认新成型设备的试车及试生产工作的是(　　)级操作工需具备的基本技能。

(A)初　　(B)中　　(C)高　　(D)以上皆可

182. 橡胶成型工的职业等级分为三个等级,其中中级对应国家职业资格(　　)级。

(A)三　　(B)四　　(C)五　　(D)六

183. 橡胶成型工技能操作分级说法正确的是(　　)。

(A)国家职业标准将其分为四个等级

(B)各级技能要求没有必然关系

(C)高级别的技能要求涵盖低级别的要求
(D)以上皆错
184. 企业的最小生产单位是(　　)。
(A)班组　(B)车间　(C)制造部　(D)分厂
185. 班组的(　　)水平是企业的形象、管理水平和精神面貌的综合反映，是衡量企业素质及管理水平高低的重要标志。
(A)现场管理　(B)质量管理　(C)人员素质　(D)时间管理

三、多项选择题

1. 塑炼方法按所用设备可分为(　　)。
(A)开炼机塑炼　(B)成型机塑炼　(C)压延机塑炼　(D)密炼机塑炼
2. 开炼机塑炼的工艺方法有(　　)。
(A)物理增塑塑炼法　(B)挤出塑炼法　(C)包辊塑炼法　(D)薄通塑炼法
3. 用密炼机进行塑炼时，必须严格控制(　　)。
(A)塑炼时间　(B)蒸汽压力　(C)压延效应　(D)排胶温度
4. 塑炼后的补充加工有(　　)。
(A)压片或造粒　(B)冷却与干燥　(C)停放　(D)质理检验
5. 影响压延效应的因素有(　　)。
(A)橡胶大分子链的定向取向性　(B)填料的定向取向性
(C)压延的工艺条件　(D)胶料的组分
6. 防止橡胶老化的化学防护法有(　　)。
(A)加胺类防老剂　(B)加酚类防老剂　(C)表面镀层　(D)加石蜡
7. 生胶塑炼的方法有(　　)。
(A)物理增塑法　(B)化学增塑法　(C)机械增塑法　(D)压出法
8. 以下预防焦烧的措施正确的有(　　)。
(A)硬质胶料应采取两段混炼
(B)充分利用一切冷却条件，降低排胶温度
(C)配料、投料、混炼等符合配方规定
(D)胶料存放时间不要过长
9. 造成混炼比重过大的可能原因有(　　)。
(A)生胶少于配比　(B)炭黑少于配比　(C)混合不均　(D)填充剂多于配比
10. 造成混炼硬度过大的可能原因有(　　)。
(A)生胶多于配比　(B)炭黑少于配比　(C)混合不均　(D)促进剂多于配比
11. 下列属于计量特点的是(　　)。
(A)准确性　(B)一致性　(C)溯源性　(D)法制性
12. 目前国际上趋向将计量学分为(　　)。
(A)科学计量　(B)工程计量　(C)法制计量　(D)技术计量
13. 检定工作包括(　　)。
(A)检查　(B)测量　(C)加标记　(D)出具检定证书

14. 下列属于计量器具检定的是(　　)。

(A)首检　(B)后续检定　(C)周期检定　(D)修理后检定

15. 计量学中,科学计量是指(　　)的计量科学研究。

(A)基础性　(B)探索性　(C)目的性　(D)先行性

16. 计量器具在检定系统表中有(　　)。

(A)计量基准　(B)计量标准　(C)工作计量器具　(D)检定标准

17. 下列属于计量标准考核内容的是(　　)。

(A)计量标准设备配套齐全,技术状况良好

(B)具有正常工作所需要的环境条件

(C)计量检定人员应取得计量检定资质

(D)具有完善的管理制度

18. 组织计量检定的原则是(　　)。

(A)经济合理　(B)就地　(C)方便　(D)就近

19. 我国的计量检定规程包括(　　)。

(A)组织计量检定规程　(B)国家计量检定规程

(C)地方计量检定规程　(D)部门计量检定规程

20. 下列属于我国所使用的计量检定印证的是(　　)。

(A)检定证书　(B)检定合格证　(C)检定合格印　(D)注销印

21. 燃烧是可燃物与氧化剂发生的放热反应,通常伴有(　　)现象。

(A)发光　(B)发烟　(C)火焰　(D)有毒气体

22. 燃烧的基本类型有(　　)。

(A)着火　(B)闪燃　(C)爆炸　(D)自燃

23. 热传播的主要途径有(　　)。

(A)热扩散　(B)热对流　(C)热传导　(D)热辐射

24. 常见的火灾蔓延形式有(　　)。

(A)直接燃烧　(B)热对流　(C)热辐射　(D)飞火

25. 常用的灭火剂有(　　)。

(A)水及水系灭火剂　(B)干粉灭火剂

(C)二氧化碳灭火剂　(D)砂土

26. 扑救带电火灾可选用(　　)灭火器。

(A)干粉　(B)卤代烷　(C)水　(D)二氧化碳

27. 自燃物品的危险特性主要表现在(　　)等方面。

(A)遇空气自燃性　(B)静电性　(C)还原性　(D)积热分解自燃性

28. 防静电的措施有(　　)。

(A)工艺控制法　(B)静电中和法　(C)脉冲水枪冲洗法　(D)泄漏导走法

29. 烧伤的急救原则是(　　)。

(A)消除致病原因　(B)使创面不受污染

(C)防治进一步损伤　(D)及时使用破伤风

30. 下列属于心肺复苏有效特征的是(　　)。

(A)股动脉搏动　(B)出现应答反应　(C)瞳孔由小变大　(D)呼吸改善

31. 人工呼吸包括(　　)方式。

(A)口对口人工呼吸　(B)口对鼻人工呼吸

(C)仰卧压胸法　(D)俯卧压背法

32. 现场人员停止心肺复苏的条件是(　　)。

(A)威胁人员安全的现场危险迫在眼前

(B)出现微弱自主呼吸

(C)呼吸和循环已有效恢复

(D)由医师或其他人员接手并开始急救

33. 绷带包扎法包括(　　)。

(A)环形绷带法　(B)S形包扎法　(C)螺旋包扎法　(D)螺旋反折包扎法

34. 使用止血带应注意(　　)。

(A)扎止血带时间越短越好　(B)必须作出显著标志,注明使用时间

(C)避免勒伤皮肤　(D)缚扎止血带要很紧

35. 下列属于环境"三同时"制度的是(　　)。

(A)同时设计　(B)同时改造　(C)同时施工　(D)同时投产

36. 环境保护的目的是(　　)。

(A)合理利用自然资源　(B)保护自然资源

(C)保障人类健康　(D)防止生态破坏

37. 下列属于水体感官性污染的有(　　)。

(A)色泽变化　(B)浊度变化　(C)泡状物　(D)臭味

38. 环境检测的对象包括(　　)。

(A)大气　(B)水体　(C)土壤　(D)噪声

39. 下列属于人类面临的环境问题的是(　　)。

(A)水环境污染　(B)大气环境污染　(C)气候变暖　(D)资源短缺

40. 当前我国环境法提出的环境责任原则有(　　)。

(A)污染者付费　(B)利用者补偿　(C)开发者保护　(D)破坏者恢复

41. 下列现象属于设备异常的是(　　)。

(A)振动　(B)异声　(C)松动　(D)变形

42. 设备润滑的作用是(　　)。

(A)降低摩擦　(B)减少磨损　(C)密封保护　(D)吸收振动

43. 止回阀的结构有(　　)。

(A)单瓣式　(B)双瓣式　(C)三瓣式　(D)多瓣式

44. 阀门密封形式包括(　　)。

(A)平面密封　(B)侧面密封　(C)球面密封　(D)锥面密封

45. 旋塞阀中可以改变介质方向或进行介质分配的阀体形式为(　　)。

(A)直通式　(B)双通式　(C)三通式　(D)四通式

46. 以下属于点检工作"五定"的内容是(　　)。

(A)定地点　(B)定周期　(C)定标准　(D)定效率

47. 压延机类型依据辊筒的(　　)不同而异。

(A)大小　　(B)数目　　(C)排列方式　　(D)转速

48. 下列表述正确是(　　)。

(A)压延是橡胶加工最重要的基本工艺过程之一

(B)压延操作不是连续进行的,但是生产效率高

(C)压延过程对操作技术的熟练程度要求较高

(D)压延机的主要工作部件是辊筒

49. 压延准备工艺中,需要对胶料进行热炼,热炼工艺包括(　　)。

(A)粗炼　　(B)混炼　　(C)细炼　　(D)挤出

50. 压延准备工艺过程中,供胶方法主要有(　　)。

(A)螺杆旋出供胶　　(B)输送带供胶　　(C) 手工供胶　　(D)自动供胶

51. 热炼一般在热炼机上进行,也有的采用(　　)完成。

(A)螺杆挤出机　　(B)成型机　　(C)开炼机　　(D)连续混炼机

52. 粗炼一般采用低温薄通方法,即以(　　)对胶料进行加工,主要使胶料补充混炼均匀,并可适当提高其可塑性。

(A)高辊温　　(B)低辊温　　(C)小辊距　　(D)大辊距

53. 橡胶成型设备所使用的压延机主要由(　　)等构成。

(A)辊筒　　(B)调距装置　　(C)辅助装置　　(D)机架与轴承

54. 压延后胶片产生喷霜的可能原因有(　　)。

(A)压延使用的胶料混炼时间过长

(B) 压延使用的胶料热炼辊温过高

(C)压延时辊温过高

(D)压延后急剧冷却

55. 空气弹簧气囊等橡胶制品的胎圈通常有(　　)组成。

(A)钢丝圈　　(B)三角胶条　　(C)钢圈包布　　(D)帘线层

56. 空气弹簧气囊成型过程中小块胶帘布连续拼接可能导致的质量问题有(　　)。

(A)帘布接头过分集中　　(B)局部增厚,重量不均衡

(C)应力集中　　(D)硫化不熟

57. 规定胶片停放时间的目的有(　　)。

(A)恢复压出过程中被拉长的橡胶分子的疲劳

(B)避免存放时间过长造成胶片表面喷霜变硬

(C)进行预硫化

(D)避免存放过久胶片轮廓变形

58. 空气弹簧气囊帘布筒贴合时若用力拉帘布可能会造成(　　)。

(A)改变帘线角度　　(B)使局部单位面积帘线密度下降

(C)使局部帘布覆胶厚度降低　　(D)导致硫化不熟

59. 造成纤维帘布压延过程中出兜的原因有(　　)。

(A)帘布含水率高　　(B)帘布本身密度不均匀

(C)帘布表面污染　　(D)帘布本身伸长率不一致

60. 造成纤维帘布压延过程中扒皮的原因有(　　)。
(A)帘线含水率高　(B)帘线温度高
(C)帘线表面污染　(D)辊距过小
61. 空气弹簧气囊用钢丝圈联动线的主要组成部分有(　　)。
(A)挤出机　(B)缠绕系统　(C)管路系统　(D)控制系统
62. 帘布在空气弹簧气囊等橡胶制品中的用途有(　　)。
(A)作为骨架材料　(B)承担负荷　(C)填充作用　(D)降低成本
63. 空气弹簧气囊压出后的钢丝圈不得产生(　　)。
(A)硬弯　(B)露铜　(C)掉胶　(D)粘连
64. 空气弹簧气囊帘布需要浸胶的原因有(　　)。
(A)增大胶料与帘布层间的结合强度　(B)提高帘布的坚韧性能
(C)防水　(D)防老化
65. 空气弹簧气囊胶帘布压延后停放的目的(　　)。
(A)充分冷却胶帘布　(B)防止烫伤
(C)使胶帘布收缩均匀　(D)不需要停放
66. 空气弹簧气囊胎圈用钢丝订货时需方除提供重量、尺寸外,还需要提供(　　)要求。
(A)强度级别　(B)表面状态　(C)标准编号　(D)其他要求
67. 以下空气弹簧气囊用钢丝检验抽样数量为每批两盘的是(　　)。
(A)屈强比　(B)镀层成分　(C)镀层厚度　(D)表面质量
68. 以下空气弹簧气囊用胎圈钢丝检验取样数量为逐盘的是(　　)。
(A)拉伸试验　(B)扭转试验　(C)镀层厚度　(D)表面质量
69. 空气弹簧气囊用胎圈钢丝表面镀层分为(　　)。
(A)黄铜　(B)高锡青铜　(C)低锡青铜　(D)紫铜
70. 空气弹簧气囊用钢丝扭转次数试验中试样标距一般为(　　)。
(A)$L=200d$　(B)$L=100d$　(C)$L=300d$　(D)$L=150d$
71. 空气弹簧气囊用胎圈用钢丝交货应(　　)。
(A)成盘　(B)绕工字轮　(C)散装　(D)其他
72. 空气弹簧气囊钢丝圈压出联动线需要(　　)装置才能运行。
(A)风源　(B)循环冷却水　(C)蒸汽　(D)电源
73. 空气弹簧气囊钢丝圈压出联动线的主要危险损伤有(　　)。
(A)烫伤　(B)挤伤　(C)割伤　(D)砸伤
74. 空气弹簧气囊钢丝圈压出联动线的主要组成不包括下列(　　)。
(A)挤出机　(B)喷胶系统　(C)控制系统　(D)压延系统
75. 空气弹簧气囊钢丝圈压出联动线可以有(　　)模式。
(A)手动　(B)自动　(C)联动　(D)单动
76. 空气弹簧气囊钢丝圈压出联动线选择自动时,有(　　)模式。
(A)手动　(B)自动　(C)联动　(D)单动
77. 空气弹簧气囊钢丝圈压出联动线结束生产时,应关闭(　　)。
(A)总电源　(B)蒸汽源　(C)风源　(D)水源

78. 空气弹簧气囊钢丝圈压出联动线触摸屏可进行(　　)设定。
(A)缠绕圈数　(B)缠绕速度　(C)挤出机速度　(D)温度
79. 空气弹簧气囊钢丝圈压出前,需要对挤出机(　　)进行温度设定。
(A)螺杆　(B)机头　(C)电源　(D)冷却水
80. 空气弹簧气囊钢丝圈挤出机挤出三角胶芯时,以下(　　)挤出机速比设定符合要求。
(A)0.6　(B)0.8　(C)1.0　(D)1.2
81. 空气弹簧气囊钢丝圈联动线生产需准备(　　)工具。
(A)游标卡尺　(B)剪刀　(C)钳子　(D)卷尺
82. 空气弹簧气囊钢丝圈成型需准备(　　)工具。
(A)游标卡尺　(B)剪刀　(C)测厚仪　(D)卷尺
83. 以下为空气弹簧气囊帘布筒要求做到的"七无"的有(　　)。
(A)无脱层　(B)无气泡　(C)无杂物　(D)无露白
84. 空气弹簧气囊每班成型前需要用卷尺测量(　　)。
(A)帘布宽度　(B)胶片宽度　(C)帘布厚度　(D)胶片厚度
85. 空气弹簧气囊胶片宽度可以用(　　)进行测量。
(A)游标卡尺　(B)螺旋测微器　(C)卷尺　(D)钢板尺
86. 空气弹簧气囊在成型过程中要目测(　　)表面质量情况。
(A)帘布　(B)胶片　(C)钢丝圈　(D)混炼胶
87. 空气弹簧气囊胶芯在成型囊坯过程中要求(　　)。
(A)不得拉伸　(B)对接　(C)不得搭接　(D)不得脱空
88. 以下(　　)缺陷的空气弹簧气囊用胶帘布可以修理后使用。
(A)帘布宽度小于 100mm　(B)表面有活折子
(C)帘布有扒皮现象　(D)帘布表面有小面积的轻微露白
89. 空气弹簧气囊主要有(　　)构成。
(A)内层胶　(B)外层胶　(C)帘布层　(D)钢丝圈
90. 以下轨道空气弹簧气囊帘布筒每层接头正确的有(　　)。
(A)2 个　(B)1 个　(C)5 个　(D)6 个
91. 空气弹簧气囊成型过程中,可能造成硫化后气泡脱层的原因有(　　)。
(A)使用过期胶料　(B)未层层压实　(C)汽油未完全挥发　(D)气泡未扎净
92. 空气弹簧气囊成型过程中,以下(　　)操作时正确的。
(A)帘布接头出角不大于 3 mm　(B)相邻两层之间接头不得有"♯"字形
(C)成型所用汽油为 97♯汽油　(D)过期的半成品不能使用
93. 成型后的空气弹簧气囊必须要烘坯,烘坯必须保证的因素有(　　)。
(A)时间　(B)温度　(C)顺序　(D)压力
94. 成型后的空气弹簧气囊烘坯能解决或降低(　　)质量缺陷的产生。
(A)气泡　(B)海绵　(C)脱层　(D)裂口
95. 以下 3♯空气弹簧气囊帘布层接头压线符合规定的有(　　)。
(A)1　(B)2　(C)3　(D)4
96. 空气弹簧大曲囊气囊成型过程中,以下操作机头主轴需要插在尾座中的有(　　)。

(A)小子口反包　　(B)大子口反包　　(C)外胶贴合　　(D)帘布压合

97. 以下空气弹簧气囊成型的操作，正确的有(　　)。

(A)子口护胶接头 2～4 mm　　(B)内胶接头 1～3 mm

(C)外胶接头宽度 3～5 mm　　(D)以上说法都不对

98. 空气弹簧气囊成型用的胶片要求有(　　)。

(A)表面光滑、无绉缩　　(B)内部密实、无孔穴、气泡或海绵

(C)断面厚度均匀，精确　　(D)表面无气泡

99. 空气弹簧气囊成型时贴隔离胶(缓冲胶)的目的有(　　)。

(A)增大对剪切应力的缓冲作用　　(B)改进帘布层之间的黏合性能

(C)降低生热　　(D)增加厚度

100. 以下可能是空气弹簧气囊帘布层数的是(　　)。

(A)4　　(B)2　　(C)6　　(D)8

101. 成型完毕的空气弹簧气囊囊坯烘坯的目的有(　　)。

(A)使部分残存的汽油等挥发分得到充分挥发

(B)增加外胎各部件间的黏合力

(C)避免定型时起泡

(D)避免定型时脱层

102. 根据零件的作用及其结构，通常分为(　　)。

(A)轴类　　(B)盘类　　(C)箱体类　　(D)标准件

103. 装配术语具有(　　)的特性。

(A)通用性　　(B)功能性　　(C)替代性　　(D)准确性

104. 空气弹簧气囊成型机设备常用的调整件包括(　　)。

(A)轴套　　(B)螺帽　　(C)垫片　　(D)垫圈

105. 装配的主要操作包括(　　)。

(A)安装　　(B)连接　　(C)调整　　(D)试验

106. 装配中必须考虑的因素有(　　)。

(A)尺寸　　(B)运动　　(C)精度　　(D)零件数量

107. 下列属于设备拆卸类型的是(　　)。

(A)定期检修　　(B)故障检修　　(C)设备搬迁　　(D)设备维护

108. 空气弹簧气囊成型设备常用的拆卸方法有(　　)。

(A)拉拔法　　(B)顶压法　　(C)温差法　　(D)破坏法

109. 空气弹簧气囊成型机设备大修中常用的清洗方法有(　　)。

(A)手工清洗　　(B)浸洗法　　(C)喷雾法　　(D)高压清洁法

110. 空气弹簧气囊成型机设备大修中，影响清洗质量的因素有(　　)。

(A)清洗介质　　(B)污染物　　(C)清洗条件　　(D)清洗方法

111. 空气弹簧气囊成型设备中，导轨的选择准则是(　　)。

(A)承载能力　　(B)刚性　　(C)速度和加速度　　(D)引导精度

112. 空气弹簧气囊成型设备中，调整导轨游隙的方法有调节(　　)。

(A)圆柱　　(B)梯形缀条　　(C)斜缀条　　(D)螺钉

113. 机械制图中,产品的装配精度包括(　　)。

(A)尺寸精度　(B)位置精度　(C)回转精度　(D)传动精度

114. 装配的组织形式可以分为(　　)。

(A)单件生产的装配　(B)成批生产的装配

(C)大量生产的装配　(D)现场装配

115. 下列属于空气弹簧气囊成型设备装配前准备工作内容的是(　　)。

(A)熟悉技术文件　(B)检查装配用零件

(C)准备工具与设备　(D)采取安全措施

116. 计算机的存储系统一般是指(　　)。

(A)ROM　(B)内存　(C)RAM　(D)外存

117. 微型计算机采用总线结构的优点是(　　)。

(A)提高了 CPU 访问外设的速度　(B)可以简化系统结构

(C)易于系统扩展　(D)提高了系统成本

118. 下列计算机应用领域中属于辅助工程的是(　　)。

(A)CAD　(B)AI　(C)CAM　(D)CAT

119. 计算机按照功能可以分为(　　)计算机。

(A)专用　(B)通用　(C)数字　(D)模拟

120. 计算机按照所处理的数据类型可以分为(　　)计算机。

(A)数字　(B)模拟　(C)混合　(D)通用

121. 下列计算机部件中,(　　)包含在主机内。

(A)运算器　(B)控制器　(C)随机存储器　(D)只读存储器

122. 计算机语言处理程序包括(　　)程序。

(A)汇编　(B)编译　(C)存储　(D)解释

123. 下列设备中,(　　)属于外部设备。

(A)硬盘　(B)软盘　(C)随机存储器　(D)只读存储器

124. 计算机中,内存相对于外存而言,具有(　　)特点。

(A)存取速度快　(B)存取速度慢　(C)存储容量小　(D)存储容量大

125. 下列关于存储器的叙述中,错误的是(　　)。

(A)硬盘固定在主机内部,所以是内存

(B)内存的存取速度快,但容量小

(C)所有的磁盘都有防止信息被修改的措施

(D)随机存储器上的内容只能读

126. 机械制图中,基本图幅包括(　　)。

(A)A0　(B)A1　(C)A3　(D)A5

127. 机械制图中,下列属于常用线型的是(　　)。

(A)粗实线　(B)细实线　(C)虚线　(D)中心线

128. 机械制图中,尺寸标注是由(　　)组成的。

(A)尺寸界线　(B)尺寸线　(C)箭头　(D)尺寸数字

129. 机械制图中,标注尺寸按作用分为(　　)。

(A)定形尺寸 (B)水平尺寸 (C)垂直尺寸 (D)定位尺寸

130. 机械制图中，直线按其对三个投影面的相对位置关系不同，可以分为投影面的(　　)。

(A)平行线 (B)垂直线 (C)相交线 (D)一般位置直线

131. 下列说法中，正确的是(　　)。

(A)一个汉字用1个字节表示

(B)微机中使用普遍的字符编码的ASCII码

(C)高级语言程序可以编译为目标程序

(D)ASCII码的最高位用作奇偶校验位

132. 计算机外壳型病毒主要感染扩展名为(　　)。

(A)COM (B)BAT (C)EXE (D)DOC

133. 计算机系统是由(　　)组成的。

(A)中央处理器 (B)硬件系统 (C)打印机 (D)软件系统

134. 下列设备中，(　　)可作为存储介质。

(A)MP3随身听 (B)数码相机 (C)U盘 (D)DVD盘片

135. 下列能用作存储容量单位的是(　　)。

(A)Byte (B)MIPS (C)Kb (D)GB

136. 计算机中，常见的输入设备有(　　)。

(A)激光打印机 (B)键盘 (C)鼠标 (D)喷墨打印机

137. 组成多媒体计算机一般具备的硬件有(　　)。

(A)声卡 (B)CD-ROM (C)音箱 (D)扫描仪

138. 微机总线有(　　)。

(A)地址总线 (B)数据总线 (C)通信总线 (D)控制总线

139. 目前广泛使用的操作系统种类很多，主要有(　　)。

(A)DOS (B)Unix (C)Windows (D)Basic

140. 下面关于空气弹簧气囊囊坯成型记录保存的说法正确的是(　　)。

(A)应由生产部门或车间保存 (B)保存期限为10年

(C)应按年、月有序保存 (D)保存期限为6年

141. 空气弹簧气囊囊坯成型记录的作用是(　　)。

(A)保持产品的可追溯性 (B)确认半成品等有无超期使用情况

(C)半成品尺寸是否合格的记录 (D)设备状态的记录

142. 空气弹簧气囊成型中，半成品的规格、尺寸等是由(　　)等记录的。

(A)胶片检查记录 (B)帘布裁断记录 (C)钢丝圈质量记录 (D)以上皆错

143. 空气弹簧气囊成型时，气囊帘布裁断记录中对质量的记录包括(　　)。

(A)角度 (B)宽度 (C)厚度 (D)表面质量

144. 空气弹簧气囊成型时，胶片检查记录表中要求记录胶片的(　　)尺寸。

(A)厚度 (B)宽度 (C)气囊规格 (D)长度

145. 空气弹簧气囊成型时，帘布裁断检查记录表中要求记录帘布的(　　)尺寸。

(A)厚度 (B)宽度 (C)角度 (D)长度

146. 空气弹簧气囊成型工具使用记录中的工具种类包括(　　)。

(A)手持工具　(B)测量工具　(C)易耗工具　(D)液体耗材

147. 下面属于空气弹簧气囊成型工具的易耗工具的是(　　)。

(A)剪刀　(B)卷尺　(C)刀片　(D)汽油刷

148. 下面不属于空气弹簧气囊成型用测量工具的是(　　)。

(A)剪刀　(B)卷尺　(C)钢板尺　(D)油壶

149. 计算某个空气弹簧气囊成型胶料消耗时,应考虑(　　)等因素。

(A)长度　(B)厚度　(C)宽度　(D)单价

150. 计算某个空气弹簧气囊成型帘布消耗时,应考虑(　　)等因素。

(A)长度　(B)厚度　(C)宽度　(D)单价

151. 计算某个空气弹簧气囊成型钢丝圈消耗时,应考虑(　　)等因素。

(A)数量　(B)重量　(C)库存　(D)单价

152. 以下(　　)测量工具用于测量气囊成型时的光标定位。

(A)测厚仪　(B)卷尺　(C)钢板尺　(D)游标卡尺

153. 空气弹簧气囊成型中,二段机头直径的选取与(　　)等因素相关。

(A)帘线强度　(B)机头伸张值　(C)钢丝圈直径　(D)帘线层数

154. 空气弹簧气囊成型中,二段机头宽度的计算与(　　)等因素相关。

(A)机头直径　(B)帘线角度　(C)假定伸张　(D)不确定

155. 空气弹簧气囊成型中,计划产量的下达与(　　)等因素相关。

(A)工时　(B)设备状态　(C)合格率　(D)销售需求

156. 空气弹簧气囊成型中,实际产量与计划数量有时会不符,这与(　　)等因素相关。

(A)工时不准确　(B)设备状态　(C)合格率波动　(D)需求变化

157. 空气弹簧气囊成型设备点检,需要检查各机械部件是否动作正常,这些机械部件主要指(　　)。

(A)压辊　(B)供料架　(C)扣圈盘　(D)机头主轴

158. 空气弹簧气囊成型设备点检,在设备停机后需要做(　　)等工作。

(A)关闭电源　(B)关闭风源　(C)清除杂物　(D)填写点检记录

159. 空气弹簧气囊成型信息包括(　　)等内容。

(A)成型人员代号　(B)成型日期　(C)有效日期　(D)规格

160. 质量手册必须包括(　　)。

(A)质量方针和质量目标　(B)质量管理体系的范围

(C)各过程的顺序和相互作用的描述　(D)形成文件的程序

161. 组织的管理评审的输入应包括(　　)。

(A)预防措施和纠正措施的状况

(B)内部审核结果及外部顾客反馈情况

(C)生产计划的平衡要求

(D)过程的绩效和产品的符合性

162. 实现全面质量管理全过程的管理必须体现(　　)的思想。

(A)预防为主、不断改进　(B)严格质量检验

(C)加强生产控制 (D)为顾客服务

163. 质量文化是由(　　)三个层次构成的。

(A)物质文化层 (B)制度文化层 (C)奖惩文化层 (D)精神文化层

164. 以下(　　)可以体现过程方法。

(A)系统地识别组织应用的过程及每个过程的输入、输出活动和所需的资源

(B)识别和确定过程之间的相互作用

(C)将相互关联和相互作用的过程作为系统进行管理

(D)管理过程及过程的相互作用

165. 按抽样方案制定原理可以将抽样方案分为(　　)等。

(A)标准型抽样方案 (B)挑选型抽样方案

(C)调整型抽样方案 (D)连续生产型抽样方案

166. 抽样方案,是指为实施抽样而制定的一组策划,包括(　　)等。

(A)抽样方法 (B)抽样数量 (C)样本判断准则 (D)以上皆错

167. 为了达到既节约样本量,又精确地控制不合格品率这一目的,对于连续多批产品,当抽样检验结果显示,产品批质量相当好时,可以不再逐批检查,而选用一定跳频进行跳批检查。国标中规定了(　　)几种跳频。

(A)1/2 (B)1/3 (C)1/4 (D)1/5

168. 随机抽样有下列(　　)方法。

(A)抽签法 (B)随机数法 (C)系统抽样法 (D)不确定

169.《危险化学品安全管理条例》规定,下列生产及(　　)危险化学品和处置废弃危险化学品,必须遵守本条例。

(A)储存 (B)经营 (C)运输 (D)使用

170. 危险化学品安全管理,应当坚持(　　),强化和落实企业的主体责任。

(A)安全第一 (B)预防为主 (C)综合治理 (D)防治结合

171. 职业病的分类和目录由(　　)制定、调整并公布。

(A)国务院卫生行政部门 (B)国务院安全生产监督管理部门

(C)国务院劳动保障行政部门 (D)国务院办公厅

172. 职业病防治工作坚持(　　)的方针,建立用人单位负责、行政机关监管、行业自律、职工参与和社会监督的机制,实行分类管理、综合治理。

(A)预防为主 (B)防治结合 (C)安全第一 (D)以上皆错

173. 技术总结的特点为(　　)。

(A)真实性 (B)目的性 (C)理论性 (D)文学性

174. 质量问题预案编写中的总则应包括(　　)。

(A)目的 (B)工作原则 (C)编制依据 (D)人员名单

175. 培训讲义的编写要考虑到(　　)。

(A)在培训内容上要考虑其有效性 (B)在培训需求上要考虑其针对性

(C)在培训深度上要考虑其可行性 (D)在培训步骤上要考虑其全面性

176. 开发制定国家职业标准,其作用和意义主要体现在(　　)。

(A)促进就业与再就业工作

(B)引导职业教育培训工作
(C)为构建职业资格证书制度提供了有力的支持
(D)以上皆错
177. 初级橡胶成型工的技能操作要求包括( )。
(A)工艺准备 (B)成型操作
(C)设备保养与维护 (D)工艺计算与记录
178. 中级橡胶成型工的技能操作要求包括( )。
(A)工艺准备 (B)成型操作
(C)设备保养与维护 (D)工艺计算与记录
179. 高级橡胶成型工的技能操作要求包括( )等几大类。
(A)工艺准备 (B)成型操作
(C)设备保养与维护 (D)工艺计算与记录
180. 下面说法正确的是( )。
(A)高级工要求能对成型进行经济核算
(B)中级工要求能对成型进行经济核算
(C)高级工要求能根据工艺要求制订成型操作标准
(D)中级工要求能根据工艺要求制订成型操作标准
181. 下面说法正确的是( )
(A)高级工要求能组织并确认成型设备的试车及试生产工作
(B)中级工要求能组织并确认成型设备的试车及试生产工作
(C)高级工要求能提出成型设备的大修、中修项目的改进方案
(D)中级工要求能提出成型设备的大修、中修项目的改进方案
182. 下面说法正确的是( )。
(A)初级工要求能发现和处理成型发生的常见质量问题,分析原因
(B)中级工要求能发现和处理成型发生的常见质量问题,分析原因
(C)初级工要求能对成型后有缺陷的产品进行返修
(D)中级工要求能对成型后有缺陷的产品进行返修
183. 橡胶成型工技能操作分级说法错误的是( )。
(A)国家职业标准将其分为四个等级
(B)各级技能要求没有必然关系
(C)高级别的技能要求涵盖低级别的要求
(D)技能要求按级别高低程度依次递进,高级要求更高
184. 班组长的作用是( )。
(A)传话通知 (B)平衡协调
(C)启下带领团队完成任务 (D)承上执行上司指示
185. 消除浪费的方法有( )。
(A)消除返工现象 (B)减少员工不必要的工作量
(C)杜绝缺陷 (D)节约能源
186. 现场管理要达到的目标有( )。

(A)品质、成本　(B)效率、交期　(C)协调、简单　(D)安全、士气

四、判 断 题

1. 防焦剂 CTP 可以延长胶料的焦烧时间,也可以减缓胶料的硫化速度。(　)
2. 采用合理的加药顺序,使用不溶性硫黄都可减少喷硫现象。(　)
3. 橡胶的加工的基本工艺过程为:塑炼、混炼、压延、压出、打磨、硫化。(　)
4. 一般天然橡胶成分中含有非橡胶烃 5%～92%。(　)
5. 脂肪酸在硫化时起硫化剂作用。(　)
6. 蜡在混炼时起活性剂作用。(　)
7. 丁苯橡胶对湿路面的抓着力比顺丁橡胶大。(　)
8. 生胶或未硫化橡胶停放时会因自重发生流动,即冷流。(　)
9. 理想的橡胶硫化曲线硫化速度要快,利于提高生产效率,降低能耗。(　)
10. 硫化剂是指能降低硫化温度,缩短硫化时间,减少硫黄用量,又能改善硫化胶的物理性能的物质。(　)
11. 计量学是关于计量的科学。(　)
12. 我国的国家计量基准是由国家质量技术监督检验检疫总局组织建立和批准承认。(　)
13. 低压容器一定是第一类压力容器。(　)
14. 按学科不同,计量学可分为七类:通用计量学、应用计量学、技术计量学、理论计量学、品质计量学、法制计量学和经济计量学。(　)
15. 计量器具具有测量范围、准确度、灵敏度和稳定性的特性。(　)
16. 计量检定是指查明和确认计量器具是否符合法定要求的程序。(　)
17. 国际单位制基本单位中,长度的单位名称是毫米。(　)
18. 计量工作在中小规模企业生产中是可有可无的,可以根据企业自身情况而定。(　)
19. 溯源性作为计量的特点,具有重要的意义。(　)
20. 测量仪器响应的变化除以对应的激励变化,称为灵敏度。(　)
21. 环境保护是可持续发展的基础,保护环境的实质就是保护生产力。(　)
22. 水电是对环境友好的无污染的可再生资源。(　)
23. 地下水受到污染后会在很短时间内恢复到原有的清洁状态。(　)
24. 充分掌握和合理利用大气自净能力,可以减少大气污染的危害。(　)
25. 昏迷伤员的舌后坠堵塞声门,应用手从下颌骨后方托向前侧,将舌牵出使声门通畅。(　)
26. 骨折固定的范围应包括骨折远近端的两个关节。(　)
27. 压迫包扎法常用于一般的伤口出血。(　)
28. 消防工作实行防火安全责任制。(　)
29. 单位因生产要求可以适当占用消防通道或疏散通道。(　)
30. 单位应当组织新上岗和进入新岗位的员工进行上岗前的消防安全培训。(　)
31. 用火及用电的违章情况不属于每日防火巡查的内容。(　)

32. 导线敷设在吊顶或天棚内,可不穿管保护。(　　)

33. 高压负荷开关有灭弧装置,可以断开短路电流。(　　)

34. 闸阀通常适用于不需要经常启闭,而且保持闸板全开或全闭的工况。(　　)

35. 闸阀有流体阻力小、开闭所需外力大及体形庞大复杂的特点。(　　)

36. 阀门的填料与工作介质的腐蚀性、温度、压力不相适应时易引起填料涵泄漏。(　　)

37. 不经常启闭的阀门,要定期转动手轮,对阀杆螺纹加润滑剂,以防咬住。(　　)

38. 设备的点检和巡检统称为设备点巡检。(　　)

39. 检修后的设备无需进行试车就可直接投入生产。(　　)

40. 安全阀是自动阀门,它所控制的压力是固定的,它的灵敏度高,使用前需到有关部门检验。(　　)

41. 设备选型是指购置设备时,根据生产工艺要求和市场供应情况,按照技术上先进、经济上合理,生产上适用的原则,以及可行性、维修性、操作性和能源供应等要求,进行调查和分析比较,以确定设备的优化方案。(　　)

42. 设备满足生产工艺要求的能力叫工艺性。(　　)

43. 成型设备的选型,优先考虑生产率,环保及安全因素可以忽略。(　　)

44. 设备的维修性好坏会影响设备使用过程中的性能。(　　)

45. 成型设备的可靠性高,不仅能满足生产率的要求,而且有良好的工艺特性。(　　)

46. 设备使用维护工作的“四会”指的是会使用、会保养、会检查、会排除故障。(　　)

47. 成型用胶片表面打磨麻面的目的是增加接触面积。(　　)

48. 压延过程是胶料在压延机辊筒的挤压力作用下发生硫化的过程。(　　)

49. 压延工艺是以压延过程为中心的联动流水作业形式。(　　)

50. 裁断完的胶帘布表面允许有轻微的劈缝,但其间距不能大于10根帘线。(　　)

51. 空气弹簧气囊成型用胶帘布停放时间可以根据使用情况自行控制。(　　)

52. 空气弹簧气囊帘布裁断后的小卷卷取,不需要对头尾进行预留。(　　)

53. 空气弹簧气囊裁断过程中,帘布有粘连现象时,要进行停车整理工作。(　　)

54. 空气弹簧气囊裁断后经卷取的帘布应挂有相应的流转卡片以示区别。(　　)

55. 空气弹簧气囊帘布裁断时,要进行宽度的抽测并记录。(　　)

56. 空气弹簧气囊裁断结束后,刀位可以停留在任意位置,只要关机即可。(　　)

57. 空气弹簧气囊裁断过程中,帘布有粘连现象时,不需停车整理,只要用手拉开即可。(　　)

58. 空气弹簧气囊．帘布裁断作业过程中,必须保证清洁,无杂物。(　　)

59. 空气弹簧气囊裁断作业时,所裁帘布的规格必须符合相应的工艺卡片要求。(　　)

60. 压延后胶片的收缩率与配方无关。(　　)

61. 压延过程中,辊温对压延质量的影响很小。(　　)

62. 压延时,辊筒在胶料的横压力作用下会产生轴向的弹性弯曲变形。(　　)

63. 压延机工作前可以不进行预热。(　　)

64. 压延时,胶料对辊筒有一个与挤压力作用大小相等,方向相反的径向反作用力称为横向力。(　　)

65. 一般说来,胶料黏度越高,压延速度越快,辊温越低,供胶量越多,压延半成品厚度和

宽度也越大。( )

66. 空气弹簧气囊成型时测量帘布的宽度一般使用卷尺。( )

67. 空气弹簧气囊成型时宽度小于 100mm 的小段胶帘布是禁止使用的。( )

68. 空气弹簧气囊成型时裁断可以用手干预裁断作业,只要多加小心就是。( )

69. 空气弹簧气囊成型时帘布裁断过程中,对发现的活褶子可以不进行处理,继续进行裁断作业。( )

70. 空气弹簧气囊成型时裁断,如果发现帘布表面有局部露线,需要用胶片进行补贴,但对胶片的选择没有任何要求。( )

71. 空气弹簧气囊成型时裁断工艺中,不进行倒卷的垫布是禁止使用的。( )

72. 空气弹簧气囊成型时对存放期内喷霜的胶帘布只要用汽油进行处理后就能使用。( )

73. 空气弹簧气囊所用的胶片压延后停放时间不得少于 4 小时。( )

74. 空气弹簧气囊帘布贴合时要隔层压实。( )

75. 空气弹簧气囊胶帘布要按照压延的先后顺序使用。( )

76. 气囊囊坯的外观质量必须逐条检验,不合格的不能使用。( )

77. 空气弹簧气囊所用胶片和帘布可以长期直接暴露在空气中存放。( )

78. 空气弹簧气囊所用的胶帘布要求表面新鲜、无杂物、无喷霜。( )

79. 空气弹簧气囊成型过程中若钢丝圈错位应取下重扣。( )

80. 空气弹簧气囊扣正钢丝圈后必须用后压辊将其压实,反包须靠近钢丝圈底部将帘布扳起。( )

81. 空气弹簧气囊帘布贴合时,轻微折子可以正常使用,不必修理。( )

82. 空气弹簧气囊劈缝的帘布可以正常使用。( )

83. 空气弹簧气囊机头周长公差为±3 m。( )

84. 空气弹簧气囊成型用帘布表面不允许有自硫胶痘等质量缺陷。( )

85. 空气弹簧气囊扣圈前要在帘布扣圈部位均匀涂刷汽油。( )

86. 空气弹簧气囊使用测厚仪测量帘布和胶片的厚度。( )

87. 空气弹簧气囊在成型过程中,要目测帘布、胶片表面质量问题,不合格的不能使用。( )

88. 半鼓式机头特点为肩部曲线与胎圈部分相差较大,硫化定型时钢圈易扭转,适用于单钢圈成型。( )

89. 钢丝圈不正会引起钢圈错位或者上抽,从而加大空气弹簧气囊在子口部位的磨损。( )

90. 因空气弹簧气囊硫化前要经过烘坯工序,故成型过程中汽油不干可以进行下一步操作。( )

91. 成型过程中混入胎体帘布层之间的橡胶杂物会很好地与橡胶黏合,起到补充的作用。( )

92. 空气弹簧气囊成型各部件上好压实后,要按照工艺卡片切边高度割好胶边,并把胶边撕净。( )

93. 空气弹簧气囊成型机是制造空气弹簧气囊囊坯的专用机械。( )

94. 成型是空气弹簧气囊生产过程中很重要的工序,成型过程可看作是气囊各“零部件”的组装过程,所以对气囊的质量几乎无影响。( )

95. 空气弹簧气囊的裁断角和胎冠角无任何关系,随机性大,无法通过公式进行计算。( )

96. 空气弹簧气囊成型过程中,所有的差级必须符合工艺文件要求。( )

97. 空气弹簧气囊成型过程中,帘布接头重合对产品质量无影响。( )

98. 空气弹簧气囊成型时,外胶不得有任何的拉扯,必须做到零张力供胶。( )

99. 空气弹簧气囊成型过程中,钢丝圈包布差级必须符合工艺文件规定。( )

100. 空气弹簧气囊成型过程中,汽油用的越多越好。( )

101. 空气弹簧气囊反包偏歪值应大于 15 mm。( )

102. 空气弹簧气囊成型允许割断帘线 3 根以下。( )

103. 空气弹簧气囊成型钢丝圈底部允许存在反包折子,但一定要均匀。( )

104. 空气弹簧气囊成型囊坯外胶轻微的胶疙瘩允许修理。( )

105. 零件图中可以不注明技术要求。( )

106. 零件图中的尺寸标注需要借助形位公差来表示加工精度的要求。( )

107. 零件图中的技术要求是指加工、检验所需达到的技术指标。( )

108. 零件图中标题栏的内容有零件名称、材料及必要的签署等。( )

109. 零件图视图的选择应考虑零件的安放位置和投射方向。( )

110. 箱体类零件的内部通常有空腔、孔等结构,形状比较复杂。( )

111. 箱体类零件加工位置多变,选择主视图时,主要考虑形状特征或工作位置。( )

112. 轴类零件一般起支承转动零件、传递动力的作用。( )

113. 轴类零件常常有键槽、轴肩、螺纹及退刀槽等结构。( )

114. 零件图表达时,通常将零件的轴线水平放置,便于加工时读图看尺寸。( )

115. 盘类零件的厚度相对于直径要大得多,周边常分布一些孔、槽等。( )

116. 零件图中所谓的主要尺寸指的是优先加工的线或面。( )

117. 零件图中非主要尺寸指非配合的直径、长度、轮廓等。( )

118. 机械制图中,最大极限尺寸≥实际尺寸≥最小极限尺寸。( )

119. 识读装配图的目的只是了解各零件或部件的装配位置,对具体的技术要求可以不去理会。( )

120. 空气弹簧气囊成型机大修的改进方案需要进行多次论证,申请通过后方可实施。( )

121. 空气弹簧气囊成型机大修项目不需有相应的作业指导书,因为大修过程可以对一些机构进行改动。( )

122. 空气弹簧气囊成型机中修改进方案应建立在高效实用的基础上。( )

123. 空气弹簧气囊成型机中修项目实施过程中,需要有设备负责人员全程跟进。( )

124. 空气弹簧气囊成型机中修改进后,不需要进行试车即可投入生产。( )

125. 空气弹簧气囊成型机大修改进过程中,需进行必要的现场保护。( )

126. 空气弹簧气囊成型机试车过程中,应随时注意检查设备有无异响、振动等情况。( )

127. 装配图和零件图一样,都是生产中的重要技术文件。( )

128. 装配图中，技术要求一般用文字或符号注写在适当位置。（ ）

129. 零件的单独表示法在装配图中，可以用视图、剖视或剖面等单独表达某个零件的结构形状。（ ）

130. 掌握识读装配图的方法并提高识读装配图的能力是非常重要的。（ ）

131. 装配图比零件图复杂得多，所以识读装配图是一个由浅入深、由表及里的分析过程。（ ）

132. 空气弹簧成型机试生产停车后，应切断电源，关闭气阀。（ ）

133. 空气弹簧气囊成型机大修项目中可包括中修项目的项点。（ ）

134. 空气弹簧气囊成型机的试车只有在验收合格后，才能交付使用。（ ）

135. 空气弹簧气囊成型机试车时严禁高速运转时一次性折叠成型机头。（ ）

136. 空气弹簧气囊成型机不需要小修，只要保证日常点检时无问题即可。（ ）

137. 空气弹簧成型机中修项目中包括检查修理或更换传动装置。（ ）

138. 空气弹簧成型机在经过大修后无需重新试车即可投入生产。（ ）

139. 空气弹簧气囊成型机设备结构简图的识读只能了解到各部件的组成。（ ）

140. 计算机科学的奠基人是冯·诺依曼。（ ）

141. 在计算机应用领域里，过程控制是其最广泛的应用方面。（ ）

142. 计算机科学领域中，第四媒体是指网络媒体。（ ）

143. 由于在交接班记录中已经填写了囊坯规格等信息，囊坯成型记录可以不填。（ ）

144. 空气弹簧气囊囊坯成型记录中的成型人员与检查人员可以为同一人。（ ）

145. 空气弹簧气囊填写囊坯成型记录的目的是为了统计产量和合格率。（ ）

146. 空气弹簧气囊囊坯成型记录的保存期限为5年。（ ）

147. 空气弹簧气囊囊坯成型记录应由工艺人员保存。（ ）

148. 空气弹簧气囊成型工具使用记录由车间保管。（ ）

149. 空气弹簧气囊成型工具使用记录中不包括测量工具。（ ）

150. 空气弹簧气囊成型中，帘布用量一般由长度计算即可。（ ）

151. 空气弹簧气囊成型中，帘布用量是由长度和宽度计算的。（ ）

152. 空气弹簧气囊成型中，钢丝圈用量以重量计算。（ ）

153. 空气弹簧气囊成型中，由于胶片允许拉伸，因此长度对消耗影响不大。（ ）

154. 空气弹簧气囊成型中，合格率和生产数量无关。（ ）

155. 空气弹簧气囊成型中，修理数量与合格率计算无关。（ ）

156. 空气弹簧气囊成型中，修理数量在确认合格后，应计入合格数量内并计算合格率。（ ）

157. 空气弹簧气囊成型中，对于某一固定规格，由于胶片宽度是确定的，因此胶片定位光标用处不大。（ ）

158. 空气弹簧气囊成型中，一段成型机头的直径是固定的。（ ）

159. 空气弹簧气囊成型中，一段布筒中心线和二段布筒中心线必须一致。（ ）

160. 气囊成型设备点检记录表需要设备点检人员签字。（ ）

161. 气囊成型设备点检记录中不需要检查润滑要求。（ ）

162. 空气弹簧气囊成型过程中，半成品有效期不需要控制。（ ）

163. 识别和管理过程是上级主管的责任与过程责任的承担者无直接关系。( )

164. 过程的监视和测量方法应证实过程实现所策划的结果的能力。( )

165. 顾客满意度中的顾客仅指企业的客户。( )

166. 质量方针和质量目标必须纳入组织编制的质量手册。( )

167. 根据企业规定,技术工艺人员不负责工装模具的设计工作。( )

168. 只有在产品首件检验通过后才能进行正式批量生产。( )

169. 任何单位和个人不得生产、经营、使用国家禁止生产、经营、使用的危险化学品。( )

170. 生产、储存危险化学品的单位,应当在其作业场所和安全设施、设备上设置明显的安全警示标志。( )

171. 用抽取样本的连续尺度定量地衡量一批产品质量的方法称为计量抽样检验方法。( )

172. 把抽取样本后通过离散尺度衡量的方法称为计量抽样检验。( )

173. 职业病防治法中规定用人单位必须依法参加工伤保险。( )

174. 产生职业病危害的用人单位的设立除应当符合法律、行政法规规定的设立条件外,其工作场所还应当满足职业病危害因素的强度或者浓度符合国家职业卫生标准。( )

175. 化工企业中非饮用水管道严禁与生活饮用水管道连接。( )

176. 化工企业可以采用明渠排放含有挥发性毒物的废水、废液。( )

177. 技术总结的撰写要符合国家法律法规。( )

178. 技术总结只能以工作周期为阶段撰写。( )

179. 质量问题预案编写中关于相应组织机构,只需写明其名称即可。( )

180. 质量问题预案可以分类和分级编写。( )

181. 要确保培训内容的有效性,首先则是要进行全面的调查工作,了解企业当前存在的不足和员工的真正需求是什么。( )

182. 橡胶成型工国家职业标准是由中华人民共和国人事部制定的。( )

183. 橡胶成型工国家职业标准是以《中华人民共和国职业分类大典》为依据。( )

184. 橡胶成型工国家职业标准中将本职业分为四个等级。( )

185. 初级橡胶成型工要能检查成型前半成品部件是否符合工艺技术标准要求。( )

186. 初级橡胶成型工技能要求中对成型设备保养不做要求。( )

187. 橡胶成型工分 3 个等级,等级越高技能要求越高,并涵盖低等级的要求。( )

188. 橡胶成型工分 3 个等级,其中在工艺计算与记录要求中,高级工要求能进行经济核算,这是初级和中级没有要求的。( )

189. 车间是企业的最小生产单位,车间管理是企业管理中的基础。( )

五、简 答 题

1. 简述空气弹簧大曲囊气囊成型囊坯要做到的“四无”。
2. 简述空气弹簧腰带式气囊钢丝圈后成型(包布)工序需要的量具。
3. 简述空气弹簧大曲囊气囊帘布筒表面要做到的“七无”。
4. 简述空气弹簧大曲囊气囊囊坯要做到的“四正”。
5. 简述空气弹簧大曲囊气囊用胶片的表面质量要求。

6. 简述空气弹簧大曲囊气囊刷汽油的具体要求。

7. 简述空气弹簧大曲囊气囊外层胶的作用。

8. 简述空气弹簧腰带式气囊硫化前半成品的主要组成部件。

9. 简述空气弹簧腰带式气囊成型中,差级重叠或集中对产品影响。

10. 简述空气弹簧大曲囊气囊帘布层的作用。

11. 简述空气弹簧大曲囊气囊内层胶的作用。

12. 若单根钢丝的直径为0.98 mm,挂胶后的直径为1.3 mm,简述钢丝圈总宽度的计算公式。

13. 若单根钢丝的直径为0.98 mm,挂胶后的直径为1.3 mm,简述钢丝圈总厚度的计算公式。

14. 简述空气弹簧腰带式气囊成型过程中帘布贴合质量要求。

15. 简述空气弹簧腰带式气囊成型过程中各部件的质量要求。

16. 简述空气弹簧腰带式气囊成型过程中胶片贴合质量要求。

17. 若单根钢丝的直径为0.97 mm,挂胶后的直径为1.3 mm,简述钢丝圈总宽度的计算公式。

18. 若单根钢丝的直径为0.97 mm,挂胶后的直径为1.3 mm,简述钢丝圈总厚度的计算公式。

19. 简述腰带式气囊钢丝圈切头部位工艺标准。

20. 简述存放过程中发生粘连的腰带式气囊钢丝圈的处理措施。

21. 简述空气弹簧腰带式气囊成型完毕后囊坯刺孔的目的。

22. 简述空气弹簧腰带式气囊成型完毕的胎坯烘坯的目的。

23. 简述空气弹簧腰带式气囊成型帘布筒折子的危害。

24. 简述空气弹簧腰带式气囊成型的接头压线标准。

25. 简述空气弹簧腰带式气囊成型的大头小尾和接头出角标准。

26. 简述空气弹簧大曲囊气囊成型过程中三角胶芯的质量要求。

27. 简述空气弹簧腰带式气囊成型操作过程中对胶帘布表面质量的要求。

28. 简述空气弹簧腰带式气囊帘布贴合的单层偏歪值公差要求。

29. 简述零件图的作用。

30. 简述零件图所包含的内容。

31. 简述零件图表达要进行视图选择的原因。

32. 简述零件图中视图选择的要求。

33. 列举零件上细部结构的表达方法。

34. 简述零件图标注所包含的内容。

35. 简述零件图尺寸标注的要求。

36. 简述尺寸标注的注意事项。

37. 简述机械零件互换性的概念。

38. 简述为保证零件具有互换性的措施。

39. 列举机械制图中零件配合的种类。

40. 简述机械配合中基孔制的概念。

41. 简述零件图绘制前的准备工作。
42. 简述零件图绘制的步骤。
43. 简述空气弹簧气囊成型设备零件图的读图步骤。
44. 简述空气弹簧气囊成型机大修的评定项目。
45. 简述空气弹簧成型机大修进厂检验单所包括的内容。
46. 简述空气弹簧气囊成型机试车工作的步骤。
47. 简述空气弹簧气囊成型设备控制系统的机构及性能优势。
48. 简述什么是囊坯成型记录中的内胶编号和外胶编号。
49. 简述囊坯成型记录的保存要求。
50. 简述空气弹簧气囊成型囊坯中,胶片的重量的核算方法。
51. 简述空气弹簧气囊成型囊坯中,帘布的消耗计算方法。
52. 简述保证气囊成型时各部件定位准确的方法。
53. 简述空气弹簧气囊成型时机头直径的计算方法。
54. 简述空气弹簧气囊成型时确定中心线位置的方法。
55. 简述计算空气弹簧气囊成型的计划产量的方法。
56. 简述囊坯内外质量记录表的记录内容。
57. 简述质量管理体系的定义。
58. 简述质量管理中过程方法的定义 。
59. 简述危险化学品安全管理的方针。
60. 简述职业病防治的方针。
61. 简述技术总结的定义。
62. 简述国家职业标准的定义。
63. 简述橡胶成型工的职业定义。
64. 简述橡胶成型中级工的工艺计算与记录要求。
65. 简述橡胶成型初级工的成型操作要求。
66. 简述橡胶成型高级工的技能操作内容。
67. 简述橡胶成型中级工的成型操作要求。
68. 简述班组的定义。
69. 简述搞好班组生产现场管理的意义。
70. 简述企业班组长的基本职责。

六、综 合 题

1. 综述二段成型法空气弹簧气囊成型工艺流程。
2. 综述空气弹簧大曲囊气囊各部件组成及作用。
3. 综述空气弹簧大曲囊气囊帘布反包要圆周扳起紧包胎圈的原因。
4. 综述空气弹簧大曲囊气囊自检要求。
5. 综述空气弹簧大曲囊气囊帘布筒有折子的坏处。
6. 综述空气弹簧大曲囊气囊反包端点打折的原因和解决措施。
7. 综述空气弹簧大曲囊气囊在成型过程中要保持一定风压的原因。

8. 综述空气弹簧大曲囊气囊成型用帘布表面质量要求。
9. 综述空气弹簧大曲囊气囊成型帘布贴合接头压线要求。
10. 综述空气弹簧大曲囊气囊帘布贴合质量要求。
11. 综述空气弹簧大曲囊气囊在机头上贴胶片时的具体要求。
12. 综述空气弹簧大曲囊气囊小块帘布的使用原则。
13. 综述空气弹簧大曲囊气囊胶片接头要求。
14. 综述空气弹簧大曲囊气囊帘布反包后子口部位的处理措施。
15. 综述空气弹簧气囊成型设备采用触摸式人机界面的优点。
16. 综述空气弹簧气囊成型机试车前的设备安装要求。
17. 综述制定空气弹簧气囊成型机试生产规程的目的。
18. 综述空气弹簧成型机试车开机前的检查内容。
19. 综述空气弹簧气囊成型机试生产过程中的注意事项。
20. 综述空气弹簧气囊成型机试生产时,设备运转过程中的注意事项。
21. 综述空气弹簧气囊成型设备装配图的作用。
22. 综述设备装配图识读的重要性。
23. 综述装配图识读的方法和步骤。
24. 综述囊坯成型中,记录各半成品编号的意义。
25. 综述空气弹簧气囊成型需要填写的记录名称。
26. 综述交接班记录主要填写内容。
27. 综述空气弹簧气囊成型设备点检的作用。
28. 综述空气弹簧气囊成型单个囊坯的消耗的计算方法。
29. 综述安排计划的步骤。
30. 综述作为一名班组长应具备的基本条件和素质。
31. 综述质量改进的通常障碍。
32. 综述 QC 小组活动遵循 PDCA 循环的基本步骤。
33. 综述相比中级和初级成型工,高级橡胶成型工的成型操作技能所需的更高的要求。
34. 综述开发制定国家职业标准的作用和意义。
35. 综述作为橡胶成型高级工,在管理方面的技能要求。

橡胶成型工(高级工)答案

一、填空题

1. 顺丁橡胶	2. 乙丙橡胶	3. 网络形成	4. 细炼
5. 低	6. 低温薄通	7. 收缩	8. 粘流态
9. 合成	10. 乳液	11. 活化剂	12. 缩短
13. 填充剂	14. 切胶	15. 细炼	16. 翻炼
17. 硬度测定	18. 冷却与干燥	19. 硫化剂	20. 相容性
21. 计量	22. 强检	23. 单位制	24. 重复性
25. 计量单位	26. 上风口	27. 物理性	28. 助燃物
29. 铅封	30. 二氧化碳	31. 安全技术规程	32. 保护接零
33. 安全	34. 热老化	35. 二氧化碳	36. 止血
37. 预防为主	38. 闪燃	39. 隔离	40. 初起
41. 手提式	42. 绿色	43. 止回阀	44. 阀体
45. 空车	46. 重大事故	47. 压延机	48. 厚度
49. 1/3	50. 4～7	51. 辊筒	52. 收缩
53. 工艺	54. 1～3	55. 磨刀	56. 10
57. 大	58. 大	59. 各向异性	60. 外观质量检查
61. 流转卡	62. 游标卡尺	63. 对接	64. 1
65. 50	66. 扣圈盘	67. 冷	68. 小曲囊
69. 1～3	70. 6	71. 断线	72. 2
73. 覆盖胶正	74. 1～7	75. 不允许	76. 2～4
77. 交叉	78. 实际	79. ±1	80. ±0.5°
81. 对接	82. 汽油	83. 尾座	84. 游标卡尺
85. 压辊	86. 均匀	87. 尾座	88. 小
89. 120	90. 不允许	91. 帘布	92. 外胶
93. 内胶	94. 30	95. 压实	96. 不允许
97. 200	98. 100	99. 100	100. 绕圈器
101. 胶浆	102. 汽油	103. 1	104. 200
105. 零件	106. 零件图	107. 尺寸	108. 箱体类
109. 轴类	110. 盘类	111. 设计	112. 工艺
113. 主要	114. 非主要	115. 基本尺寸	116. 实际尺寸
117. 极限尺寸	118. 公差带图	119. 长仿宋	120. 水平
121. 虚线	122. 右下角	123. 中央处理器	124. 控制器

125. 一般位置直线　126. 切割　127. 齐全　128. 相同
129. 移出断面　130. 基本幅面　131. 实际　132. 实物
133. 高度　134. 半径　135. 高度　136. 斜轴测
137. 120°　138. 线面　139. 螺距　140. 正投影面
141. 对称　142. 粗实　143. 成型　144. 变化
145. 车间　146. 10　147. 可追溯性　148. 车间
149. 测量　150. 重量　151. 长度　152. 面积
153. 合格率　154. 合格率　155. 卷尺　156. 光标
157. 个　158. 班　159. 接头　160. 刺孔针
161. ×　162. 先进先出　163. 可追溯性　164. 质量特性
165. 产品质量　166. 预防措施　167. 技术工艺　168. 首检检验
169. 一次抽样　170. 计量型　171. 危险化学品　172. 安全第一
173. 卫生　174. 预防为主　175. 有毒有害　176. 有害物质
177. 目的性　178. 工作周期　179. 职责　180. 可行性
181. 三　182. 两　183. 低级别　184. 记录
185. 成型　186. 改进　187. 多岗位　188. 管理与培训
189. 班组　190. 沟通管理

二、单项选择题

1. A	2. B	3. D	4. C	5. A	6. B	7. C	8. A	9. D
10. C	11. B	12. B	13. C	14. B	15. A	16. B	17. B	18. D
19. B	20. C	21. C	22. C	23. D	24. C	25. C	26. A	27. C
28. B	29. A	30. B	31. A	32. B	33. A	34. D	35. D	36. B
37. C	38. C	39. C	40. A	41. A	42. D	43. C	44. A	45. D
46. B	47. A	48. A	49. B	50. A	51. A	52. A	53. A	54. C
55. B	56. A	57. C	58. D	59. A	60. A	61. A	62. C	63. B
64. A	65. A	66. B	67. C	68. A	69. B	70. A	71. D	72. A
73. A	74. B	75. A	76. A	77. B	78. C	79. C	80. D	81. A
82. D	83. A	84. B	85. C	86. D	87. A	88. A	89. D	90. B
91. C	92. D	93. A	94. B	95. A	96. B	97. A	98. C	99. C
100. C	101. A	102. B	103. D	104. C	105. C	106. C	107. D	108. C
109. A	110. B	111. B	112. A	113. B	114. B	115. A	116. D	117. B
118. C	119. C	120. B	121. B	122. B	123. A	124. B	125. A	126. B
127. C	128. C	129. D	130. D	131. B	132. C	133. C	134. C	135. B
136. D	137. D	138. C	139. B	140. A	141. A	142. A	143. D	144. A
145. D	146. A	147. A	148. A	149. C	150. A	151. B	152. B	153. D
154. B	155. B	156. B	157. D	158. D	159. B	160. B	161. B	162. A
163. A	164. A	165. C	166. A	167. A	168. C	169. A	170. D	171. A
172. A	173. B	174. B	175. C	176. B	177. A	178. D	179. B	180. C

181. C　182. B　183. C　184. A　185. A

三、多项选择题

1. AD	2. CD	3. AD	4. ABCD	5. ABCD	6. AB	7. ABC
8. ABCD	9. ACD	10. CD	11. ABCD	12. ABC	13. ACD	14. ABCD
15. ABD	16. ABC	17. ABCD	18. ABD	19. BCD	20. ABCD	21. ABC
22. ABCD	23. BCD	24. ABCD	25. ABC	26. ABD	27. AD	28. ABD
29. ABC	30. BC	31. ABCD	32. ABCD	33. ABC	34. ABC	35. ACD
36. ABCD	37. ABCD	38. ABCD	39. ABCD	40. ABCD	41. ABCD	42. ABCD
43. ABD	44. ACD	45. CD	46. ABCD	47. BC	48. ACD	49. AC
50. BC	51. AD	52. BC	53. ABCD	54. ABCD	55. ABC	56. ABC
57. ABD	58. ABC	59. BD	60. AC	61. ABCD	62. AB	63. ABCD
64. AB	65. AC	66. ABCD	67. ABC	68. ABD	69. ABCD	70. AB
71. AB	72. ABCD	73. ABC	74. BD	75. AB	76. CD	77. ABCD
78. ABC	79. AB	80. ABC	81. ABCD	82. ABCD	83. ABCD	84. AB
85. CD	86. ABC	87. ABCD	88. BD	89. ABCD	90. AB	91. ABCD
92. ABD	93. ABC	94. ABCD	95. ABC	96. BCD	97. AC	98. ABCD
99. ABC	100. ABCD	101. ABCD	102. ABCD	103. ABD	104. ACD	105. ABCD
106. ABCD	107. ABC	108. ABCD	109. ABCD	110. ABCD	111. ABCD	112. ABCD
113. ABCD	114. ABCD	115. ABCD	116. BD	117. BC	118. ACD	119. AB
120. ABC	121. ABCD	122. ABD	123. AB	124. AC	125. ACD	126. ABC
127. ABCD	128. ABD	129. AD	130. ABD	131. BCD	132. BD	133. BD
134. ACD	135. ACD	136. BC	137. ABC	138. ABD	139. ABC	140. ABC
141. ABC	142. ABC	143. ABCD	144. ABD	145. ABC	146. ABC	147. ABCD
148. AD	149. ABCD	150. ACD	151. AD	152. BC	153. BCD	154. ABC
155. ABCD	156. ABCD	157. ABCD	158. ABC	159. ABCD	160. BCD	161. ABD
162. AD	163. ABD	164. ABD	165. ABCD	166. ABC	167. ABCD	168. AB
169. ABCD	170. ABC	171. ABC	172. AB	173. ABC	174. ABC	175. ABCD
176. ABC	177. ABCD	178. BCD	179. BCD	180. AC	181. AC	182. BD
183. AB	184. BCD	185. ABCD	186. ABD			

四、判 断 题

1. √	2. √	3. ×	4. ×	5. ×	6. ×	7. √	8. √	9. √
10. ×	11. √	12. √	13. ×	14. √	15. √	16. √	17. ×	18. ×
19. √	20. √	21. √	22. ×	23. ×	24. √	25. √	26. √	27. √
28. √	29. ×	30. √	31. ×	32. ×	33. ×	34. √	35. ×	36. √
37. √	38. √	39. ×	40. ×	41. √	42. √	43. ×	44. √	45. √
46. √	47. √	48. ×	49. √	50. ×	51. ×	52. ×	53. √	54. √
55. √	56. ×	57. ×	58. √	59. √	60. ×	61. ×	62. √	63. ×

64. √	65. √	66. √	67. √	68. ×	69. ×	70. ×	71. √	72. ×
73. √	74. ×	75. √	76. √	77. ×	78. √	79. √	80. √	81. ×
82. ×	83. ×	84. √	85. √	86. √	87. √	88. √	89. √	90. ×
91. ×	92. √	93. √	94. ×	95. ×	96. √	97. ×	98. ×	99. √
100. ×	101. ×	102. ×	103. √	104. √	105. ×	106. √	107. √	108. √
109. √	110. √	111. √	112. √	113. √	114. √	115. ×	116. ×	117. √
118. √	119. ×	120. √	121. ×	122. √	123. √	124. ×	125. √	126. √
127. √	128. ×	129. √	130. √	131. √	132. √	133. √	134. √	135. √
136. ×	137. √	138. ×	139. ×	140. ×	141. ×	142. √	143. ×	144. √
145. ×	146. ×	147. ×	148. √	149. ×	150. ×	151. √	152. ×	153. ×
154. ×	155. ×	156. √	157. ×	158. ×	159. ×	160. √	161. ×	162. ×
163. ×	164. √	165. ×	166. ×	167. ×	168. √	169. √	170. √	171. √
172. ×	173. √	174. √	175. √	176. √	177. √	178. ×	179. ×	180. √
181. √	182. ×	183. √	184. ×	185. √	186. √	187. √	188. √	189. ×

五、简 答 题

1. 答:无折子(2 分)、无掉胶(1 分)、无杂物(1 分)、无断线(1 分)。

2. 答:卷尺(2 分)、剪刀(1 分)、测厚规(2 分)。

3. 答:无气泡(0.5 分)、无脱层(1 分)、无露白(0.5 分)、无折子(0.5 分)、无杂物(0.5 分)、无劈缝(1 分)、无弯曲(1 分)。

4. 答:覆盖胶正(1 分)、帘布筒正(1 分)、钢丝圈正(2 分)、密封胶正(1 分)。

5. 答:要求表面新鲜(1 分)、无杂物(1 分)、无喷霜(1 分)、无熟胶痘(1 分),胶片有少量掉胶或小破洞的要补上同类胶片并压实后方可使用(1 分)。

6. 答:成型所用汽油为 120#汽油,其他汽油禁止使用(3 分)。刷汽油要先轻后重,涂刷均匀,不要太多(2 分)。

7. 答:外胶层的主要作用是保护帘线层不受外界环境侵蚀(5 分)。

8. 答:外胶(1 分)、内胶(1 分)、帘布层(1 分)、腰带(0.5 分)、钢丝圈(0.5 分)、胶芯(1 分)。

9. 答:差级重叠或集中会使该处的应力集中过大(3 分)。实际运用中,此处耐疲劳性能下降(1 分),在反复受力形变过程中,造成气囊的早期损坏(1 分)。

10. 答:帘线层是受力层(2 分),它决定着气囊的强度和性能(3 分)。

11. 答:内层胶是起到密封的作用(5 分)。

12. 答:钢丝圈总宽度:1.4×根数±0.5 mm(5 分)。

13. 答:钢丝圈总厚度:1.3×根数±0.4 mm(5 分)。

14. 答:帘布贴合时要层层压实(2 分),有气泡要扎净、压实(1 分),有折子要启开展平(1 分),表面喷霜的胶帘布要刷适量汽油,待汽油挥发至无痕迹后再进行贴合(1 分)。

15. 答:成型各部件要层层压实,帘布筒表面做到"七无"(2 分),整个囊坯做到"四正"(2 分)、"四无"(1 分)。

16. 答:胶片贴合不允许有折子(3 分),偏歪值不大于 2 mm(2 分)。

17. 答:钢丝圈总宽度:1.4×根数±0.5 mm(5 分)。

18. 答:钢丝圈总厚度:1.3×根数±0.4 mm(5 分)。

19. 答:钢丝圈切头要整齐,无钩弯(3 分),搭头要平整,缠头后不翘起(2 分)。

20. 答:存放过程中胶粘连的钢丝圈,使用前用 120 # 汽油润开(3 分),不得强行分离(2 分)。

21. 答:避免囊体内的气体未排尽而造成脱层(3 分)、气泡(2 分)等质量缺陷。

22. 答:胎坯内部分残存的汽油等挥发分得到充分挥发(2 分),增加外胎各部件间的黏合(2 分),避免定型时起泡或脱层(1 分)。

23. 答:帘布筒有折子,会导致成型后的胎坯局部弯曲(1 分)、伸张不均(2 分)、受力不一致(1 分),造成局部帘线早期折断爆破(1 分)。

24. 答:普通帘布层接头压线:1～3 根(3 分);钢丝圈包布接头压线:<10 mm(2 分)。

25. 答:大头小尾:<4 mm(3 分);接头出角:<3 mm(2 分)。

26. 答:三角胶芯接头要求对接(3 分),不得搭接,无脱开、不翘起、无缺空(2 分)。

27. 答:操作过程中要注意检查帘布质量(2 分),帘布表面不得有杂物、甩角、宽度不均、压线超标、折子、露白、弯曲、稀密不均、熟胶痘等缺陷(2 分)。有较严重劈缝、罗股、打弯等毛病的帘布应扯掉(1 分)。

28. 答:差级 5 mm 以下(包括 5 mm):≤3 mm(2 分);差级 5～30 mm(包括 30 mm):≤6 mm(2 分);差级 30 mm 以上:≤10 mm(1 分)。

29. 答:加工零件(2 分)、检验(2 分)、测量零件(1 分)。

30. 答:一组视图(1 分),完整的尺寸(2 分),技术要求(1 分),标题栏(1 分)。

31. 答:为了满足生产的需要,零件图的一组视图应视零件的功用及结构形状的不同而采用不同的视图及表达方法(5 分)。

32. 答:最少的视图(1 分),最简洁的图线(2 分),零件图样清晰完整(2 分)。

33. 答:断面(2 分),局部剖视(2 分),局部放大(1 分)。

34. 答:加工制造零件所需的全部尺寸(1 分),零件表面的粗糙度要求(2 分),尺寸公差和形状位置公差(2 分)。

35. 答:零件图尺寸标注必须合理(1 分),既要满足设计要求(2 分)又要符合加工测量等工艺要求(2 分)。

36. 答:正确地选择基准,注意尺寸标注的形式(1 分),主要的尺寸应直接标出(1 分),避免出现封闭的尺寸链(1 分),应尽量符合加工顺序(1 分),应考虑测量方便(1 分)。

37. 答:同一批零件(1 分),不经挑选和辅助加工(1 分),任取一个就可顺利地装到机器上去(2 分),并满足机器的性能要求(1 分)。

38. 答:保证零件具有互换性的措施是由设计者确定合理的配合要求和尺寸公差大小(5 分)。

39. 答:间隙配合(2 分),过盈配合(2 分),过渡配合(1 分)。

40. 答:基本偏差为一定的孔的公差带,与不同基本偏差的轴的公差带形成各种不同配合的制度(5 分)。

41. 答:了解零件的用途、结构特点、材料及相应的加工方法(3 分);分析零件的结构形状,确定零件的视图表达方案(2 分)。

42. 答:定图幅(1 分),画出图框和标题栏(1 分),布置视图(1 分),画底稿(1 分),加深,完成零件图(1 分)。

43. 答:看标题栏(1 分),分析视图(1 分),分析投影(1 分),分析尺寸(1 分)和技术要求(1 分)。

44. 答:空气弹簧成型机大修进厂检验单(1 分),空气弹簧成型机大修工艺过程检验单(1 分),空气弹簧成型机大修竣工检验单(2 分),空气弹簧成型机大修合格证(1 分)。

45. 答:进厂编号(0.5 分)、日期(0.5 分)、托修单位(0.5 分)、托修方报修情况(0.5 分)、设备附件状况(0.5 分)、设备运转情况(1 分)、检验日期(0.5 分)、承修方处理意见(0.5 分),检验员签字(0.5 分)。

46. 答:空气弹簧成型机试车工作分为三个步骤:准备工作(2 分)、空负荷试车(1 分)、负荷试车(2 分)。

47. 答:控制系统采用 PLC 可编程控制器和分布式 I/O 系统(1 分),使输入输出就近分布于设备的各个部分(1 分),通过现场总线接入 PLC(1 分),通过以太网网络进行数据传输(1 分),使系统电气线路简洁、清晰,方便安装和维修。先进的通讯网络提高了设备的抗干扰性能(1 分)。

48. 答:胶片的压延批次号(5 分)。

49. 答:由车间保存(2 分),保存期限不低于 10 年(3 分)。

50. 答:厚度×宽度×长度×密度(5 分)。

51. 答:帘布的长度×宽度×每平方米帘布价格(5 分)。

52. 答:使用光标定位(5 分)。

53. 答:产品第一层帘线直径除以机头伸张(5 分)。

54. 答:按照该规格成型工艺卡片要求的中心线定位宽度(1 分),从机头内侧开始测量(2 分),将光标调节到此处(2 分)。

55. 答:8 小时除以每个规格气囊的倒班工时(5 分)。

56. 答:各种缺陷对应的不合格数量和修理数量(1 分),该规格总产量(1 分),该规格合格率(1 分),班次(1 分)、时间、记录人(1 分)等。

57. 答:质量管理体系是在质量方面指挥和控制组织的管理体系(1 分)。组织为了实现所确定的质量方针和质量目标(1 分),经过质量策划(1 分)将管理职责、资源管理、产品实现、测量、分析和改进等相互关联或相互作用地过程有机地组成一个整体,构成质量管理体系(2 分)。

58. 答:系统的识别和管理组织所应用的过程(3 分),特别是这些过程之间的相互作用(2 分),称为过程方法。

59. 答:坚持安全第一(2 分)、预防为主(1 分)、综合治理的方针(1 分),强化和落实企业的主体责任(1 分)。

60. 答:职业病防治工作坚持预防为主、防治结合的方针(2 分),建立用人单位负责、行政机关监管、行业自律、职工参与和社会监督的机制(2 分),实行分类管理、综合治理(1 分)。

61. 答:对前阶段工作、学习或思想情况进行回顾、检查、分析、研究、评价并做出书面结论的文体(5 分)。

62. 答:在职业分类的基础上,根据职业(工种)的活动内容,对从业人员工作能力水平的规范性要求(5 分)。

63. 答:使用设备或工具,将橡胶件、金属配件或聚氨酯胶液等半成品(2 分),加工成型未胎坯、胶管胶鞋坯件及胶乳制品的人员(3 分)。

64. 答:能计算成型班组产量和合格率(1 分);能填写成型技术报表(1 分);能填写成型生产记录(2 分);能填写成型设备运行保养记录(1 分)。

65. 答:能按工艺标准要求成型产品(1 分);能发现成型过程中常见的质量问题(2 分);能检验成型后产品是否符合工艺技术标准(2 分)。

66. 答:成型操作(2 分)、设备保养与维护(1 分)、工艺计算与记录(1 分)、管理与培训(1 分)。

67. 答:能操作不同型号的成型设备,对不同规格的产品按工艺要求进行成型(2 分);能对成型后有缺陷的产品进行返修(1 分);能发现和处理成型发生的常见质量问题,分析原因(2 分)。

68. 答:班组是企业组织生产经营活动的基本单位(3 分),是企业最基层的生产管理组织(2 分)。

69. 答:搞好班组生产现场管理,有利于企业增强竞争力(1 分),改善生产现场,消除"跑、冒、漏、滴"和"脏、乱、差"状况(1 分),提高产品质量,保证安全生产,提高职工素质(2 分),对提高企业管理水平,提高经济效益增强企业竞争力具有十分重要的意义(1 分)。

70. 答:生产现场管理(3 分)、班组员工管理(2 分)。

六、综 合 题

1. 答:在一段成型机头上贴 1 号胶片(1 分)→检查→贴 1 号帘布→检查→贴 2 号帘布→检查→贴 3 号帘布→检查→贴 4 号帘布→检查→涨鼓(1 分)→下压辊加压压实布筒→缩鼓(1 分),卸布筒;将布筒套入二段成型机头(1 分)→检查→涨鼓(1 分)→贴 2 号胶片→下压辊加压压实胎体→后压辊加压正包→钢丝圈部位均匀刷汽油→用扣圈盘扣正钢丝圈(1 分)→帘布扳边反包(1 分)→后压辊加压压实子口→检查→贴增强层帘布(1 分)→后压辊加压压实增强层→检查→贴子口部密封胶→检查→后压辊加压压实→缩鼓(1 分),卸囊坯→检查→修整囊坯(1 分)。(对于特殊成型要求的规格按照相应工艺卡片要求执行。)

2. 答:气囊主要由内胶层、帘线层、外胶层、钢丝圈组成(4 分),其中内胶层主要起密封作用(1 分),外胶层的主要作用是保护帘线层不受外界环境侵蚀(2 分),而帘线层则是受力层(1 分),它决定着气囊的强度和性能(1 分),钢丝圈主要起固着密封的作用(1 分)。

3. 答:空气弹簧气囊成型时,帘布筒若不按施工标准进行圆周反包紧靠胎圈,就会出现反包高度不一致(2 分),造成差级重叠(1 分),包固不紧定型时钢丝圈蠕动(1 分),改变钢丝圈几何形状(1 分),使帘线伸张不一致(2 分),影响硫化后成品胎圈部位的材料分布和外观质量(2 分),从而直接影响产品的使用寿命(1 分)。

4. 答:成型各部件要层层压实,帘布筒表面做到"七无":无气泡、无脱层、无露白、无褶子、无杂物、无劈缝、无弯曲(5 分);整个囊坯要做到"五无":无气泡、无折子、无掉胶、无杂物、无断线(3 分);同时做到"四正":覆盖胶正、帘布筒正、钢丝圈正、密封胶正(2 分)。

5. 答:帘布筒有折子,会使成型后的胎胚局部帘线弯曲(3 分)。伸张不均、受力不一致,造成局部帘线早期截断爆破(3 分)。若帘布筒边部折子多,就会造成胎圈部位包固不紧,影响胎圈压缩系数和钢丝圈底部压缩系数,造成胎圈部位的早期破坏(4 分)。

6. 答:在气囊成型的过程中,帘线需绕过钢丝圈进行反包(2 分)。在反包的过程中,因存在半成品直径的变化,易在反包端点起折(1 分)。这种折子需要在生产过程中用汽油润开,否则在成品组装充气后会出现局部不规则凸起,即上述的打折现象,对产品的使用寿命也有一定的影响(3 分)。针对该种现象,在成型过程中需要将该种折子用汽油润开,然后展平(4 分)。

7. 答:空气弹簧气囊成型各帘布层之间需要一定的压实力(2 分)。若风压过低,会使帘布各层之间不密实,造成层间存有空气,降低附着力,影响成品质量(4 分)。若风压过高,会压劈帘线,同样影响成品质量(4 分)。

8. 答:帘布表面不得有杂物、甩角、宽度不均、折子、露白、弯曲、稀密不均、熟胶疸等缺陷(7 分)。有较严重劈缝、罗股、打弯等毛病的帘布应扯掉(3 分)。

9. 答:第一层与密封胶贴合的帘布层接头压线允许 1～5 根(3 分),其他帘布层接头压线允许 1～3 根(2 分),增强层接头压线允许 1～7 根(3 分),均不得缺线(2 分)。

10. 答:帘布贴合时要层层压实(2 分),有气泡要扎净、压实(2 分),有折子要启开展平(2 分),表面喷霜的胶帘布要刷适量汽油(2 分),待汽油挥发至无痕迹后再进行贴合(2 分)。

11. 答:在机头上贴胶片时,胶片要放正摆平(4 分),均匀用力牵拉胶片(4 分),使其长度伸张不大于 2%(2 分)。

12. 答:布筒接头每层不超过 3 个(2 分),接头间距最小距离不小于 100 mm(2 分),且大于 100 mm 小于 200 mm 的小段帘布不得连续使用(2 分),接头不允许重叠(2 分),相邻层之间接头不得有"♯"字形(2 分)。

13. 答:内胶接头宽度为 5～7 mm(2 分),外胶接头宽度为 3～5 mm(2 分),子口护胶接头为 2～4 mm(2 分),同时必须修平、修齐、压实、压牢(4 分)。

14. 答:帘布反包完后,要用后压辊将子口部位压实(4 分),气泡扎尽(4 分),折子展平(2 分)。

15. 答:采用触摸式人机界面,既能显示成型工艺步骤,掌握工艺过程(2 分);又可通过配方功能为各种不同规格的空气弹簧编制成型参数,准确实现自动控制(3 分);还可通过故障诊断功能快速而准确查询机台所出现的故障原因和位置(3 分),为迅速处理设备故障提供了依据,减少了停机率(2 分)。

16. 答:(1)保证设备底座上直线导轨的水平度符合生产厂家所提出的要求(3 分);(2)安装诸如供料架等辅机部分时,应保证辅机的对称中心线与主轴中心线垂直,且与成型鼓中心线重合(4 分);(3)注意灯架的安装精度要符合设备厂家所提出的精度要求(3 分)。

17. 答:为了能使员工有一个安全作业的环境(2 分),让员工人身得到安全保障(3 分);同时也使设备正常运转(2 分),尽量避免因设备故障而影响正常生产(3 分)。

18. 答:(1)各紧固件紧固的可靠性(3 分);(2)润滑油的油位是否符合要求(2 分);(3)供油泵的接线是否正确(2 分);(4)联轴器防护罩、接地线及其他防护装置是否装好(3 分)。

19. 答:(1)运转过程中应密切注意各传动部分的转动灵活性,对使用过程中发现的异常声音及高温现象应及时通知维修人员(3 分);(2)经常检查螺栓紧固程度和油量,油位低于油标尺的下刻度时应及时通知维修人员进行补油(4 分);(3)对成型机运转中发现的问题应翔实、认真记录(3 分)。

20. 答:(1)设备运转时,操作人员应坚守工作岗位,禁止擅自离开(2 分);(2)不得超负荷运转(2 分);(3)禁止非操作人员进入工作区,应与设备保持 2 m 以上的距离(2 分);(4)多人配合操作时，执行任何操作前一定要通知其他人员，确认理解用意后方可执行(2分)；(5)设备运转过程中，不得擅自拆卸安全防护装置和打开配电箱进行工作(2分)。

21. 答：空气弹簧气囊成型设备装配图是表达机器或部件的整体结构形状、工作原理以及零件之间的装配联结关系的图样(2分)。在设计及制造过程中，均需要装配图作为表达和指导(3分)。同时，在设备的使用或维修中，也需要通过装配图来了解设备的性能、传动路线和操作方法，以便做到操作使用正确，维护保养合理等(3分)。因此，装配图是反映设计构思、指导生产、交流技术的重要工具(2分)。

22. 答：通过识读装配图能够使我们了解到机器或部件的名称、规格、性能、功用和工作原理(3分)，了解零件的相互位置关系、装配关系和传动路线(2分)，了解使用方法、装卸顺序以及每个零件的作用和主要零件的结构形状等(3分)。因此，掌握识读装配图的方法并提高识读装配图的能力是非常重要的(2分)。

23. 答：(1)概括了解。从标题栏和明细栏中了解机器或部件的名称、功用、数量及装配位置(1分)。(2)分析视图。分析各视图的投影关系，明确每个视图的表达重点以及零件之间的装配关系的联结方法(2分)。(3)分析尺寸。分析装配图中每个尺寸的作用，搞清配合尺寸的性质和精度要求(2分)。(4)分析工作原理。搞清每个零件的主要作用和基本形状，了解采用的润滑方式、储油装置和密封装置(1分)。(5)分析装拆顺序。搞清装拆顺序和方法，对不可拆和过盈配合的零件应尽量不拆，以免影响机器或部件的性能和精度(2分)。(6)读技术要求。了解对装配方法和装配质量的要求，对检验、调试中的特殊要求以及安装、使用中的注意事项等(2分)。

24. 答：编号对应日期(3分)，可以追溯或确认半成品是否在有效期内(3分)，并由此追溯出半成品质量是否合格(4分)。

25. 答：囊胚内外质量记录(2分)、囊胚成型记录(2分)、交接班记录(2分)、帘布裁断记录(1分)、钢丝圈质量记录(1分)、胶片检查记录(1分)、设备点检表(1分)。

26. 答：产品名称(1分)、设备编号(1分)、计划数量(1分)、生产数量(1分)、操作者(1分)、设备状态(1分)、工装状态(1分)、交班人及交班时间(1分)、接班人及接班时间(1分)、其他事项(1分)。

27. 答：准确预测设备的使用寿命(2分)，避免了周期性计划检修和事后维修的弊端(2分)，为设备的安全运行，降低设备事故，实现效益最大化奠定了基础(6分)。

28. 答：以帘布的宽度×长度×单位面积的单价，计算每层帘布的价格，将各层累加得到帘布消耗(3分)；以胶片长度×宽度×厚度×密度×每公斤单价，计算内胶、外胶、护胶等各胶片的消耗(3分)；以钢丝圈个数×钢丝圈单价得到消耗(3分)；将以上消耗相加得到单个囊胚的消耗(1分)。

29. 答：明确实施该项任务的目的与必要性：分析该任务目前的状态，尽可能把任务量化(3分)；在分析现状的基础上，设定实施该项目任务的目标(2分)；确定完成此项任务的组织架构及执行的方法(2分)；通过对具体案例的分析，促使参与的员工能够理解并积极参与(2分)；制定实施计划(1分)。

30. 答：工作年限至少在4年以上(2分)；至少掌握班组岗位技能的70%(2分)；具有高度的责任心和工作热情(2分)；具备良好的心理素质，逻辑分析，计划，领导作风，实际应用，团结他人和处理冲突及语言表达能力(4分)。

31. 答:满足于现有的质量水平(1 分);失败缺乏正确的认识(2 分);片面认为“高质量意味着高成本”(2 分);对授权的误解(2 分);培训或其有效性的不足(2 分);员工的顾虑(1 分)。

32. 答:遵循 PDCA 循环,其基本步骤为:(1)找出所存在的问题(1 分);(2)分析产生问题的原因(1 分);(3)确定主要原因(1 分);(4)制定对策措施(2 分);(5)实施制定的对策(2 分);(6)检查确认活动的效果(1 分);(7)制定巩固措施,防止问题再发生(1 分);(8)提出遗留问题及下一步打算(1 分)。

33. 答:能操作多岗位不同种类不同型号的成型设备,对不同种类、不同规格的半产品按要求成型成产品(4 分);能针对成型的内在质量问题,提出改进成型操作的意见(3 分);能处理成型生产中发生的质量问题,分析原因,提出预防及改进措施(3 分)。

34. 答:促进就业与再就业工作(3 分);引导职业教育培训工作(3 分);为构建职业资格证书制度提供了有力的支持(4 分)。

35. 答:能组织质量管理小组开展质量攻关活动(2 分);能知道班组进行经济活动分析(2 分);能应用统计技术对生产工况进行分析(3 分);能制订本成型岗位的质量管理条例(3 分)。

橡胶成型工(初级工)技能操作考核框架

一、框架说明

1. 依据《国家职业标准》注,以及中国中车确定的“岗位个性服从于职业共性”的原则,提出橡胶成型工(初级工)技能操作考核框架(以下简称:技能考核框架)。

2. 本职业等级技能操作考核评分采用百分制,即:满分为 100 分,60 分为及格,低于 60 分为不及格。

3. 实施“技能考核框架”时,考核制件(活动)命题可以选用本企业的加工件(活动项目),也可以结合实际另外组织命题。

4. 实施“技能考核框架”时,考核的时间和场地条件等应依据《国家职业标准》,并结合企业实际确定。

5. 实施“技能考核框架”时,其“职业功能”的分类按以下要求确定:

(1)根据《国家职业标准》要求,橡胶成型工应根据申报情况选择外胎成型、内胎成型、胶管成型、胶带成型、胶鞋成型、胶布制品成型、浇注型聚氨酯胶件成型、胶乳制品成型、橡胶杂品成型九个职业功能之一进行考评,本技能考核框架选择橡胶杂品成型中的空气弹簧进行考评。

(2)“成型操作”属于本职业等级技能操作的核心职业活动,其“项目代码”为“E”。

(3)“工艺准备”、“设备保养与维护”、“工艺计算与记录”属于本职业等级技能操作的辅助性活动,其“项目代码”分别为“D”和“F”。

6. 实施“技能考核框架”时,其“鉴定项目”和“选考数量”按以下要求确定:

(1)按照《国家职业标准》有关技能操作鉴定比重的要求,本职业等级技能操作考核制件的“鉴定项目”应按“D”+“E”+“F”组合,其考核配分比例相应为:“D”占 15 分,“E”占 60 分,“F”占 25 分(其中:设备保养与维护 20 分,工艺计算与记录 5 分)。

(2)依据中国中车确定的“核心职业活动选取 2/3,并向上取整”的规定,在“E”类鉴定项目——“成型操作”的全部 2 项中,必选 2 项。

(3)依据中国中车确定的“其余‘鉴定项目’的数量可以任选”的规定,“D”和“F”类鉴定项目——“工艺准备”、“设备保养与维护”、“工艺计算与记录”中,至少分别选取 1 项。

(4)依据中国中车确定的“确定‘选考数量’时,所涉及‘鉴定要素’的数量占比,应不低于对应‘鉴定项目’范围内‘鉴定要素’总数的 60%,并向上取整”的规定,考核制件(活动)的鉴定要素“选考数量”应按以下要求确定:

①在“D”类“鉴定项目”中,在已选定的至少 1 个鉴定项目中,至少选取已选鉴定项目所对应的全部鉴定要素的 60%项,并向上保留整数。

②在“E”类“鉴定项目”中,在已选定的 2 个鉴定项目中所包含的全部鉴定要素中,至少选取总数的 60%项,并向上保留整数。

③在“F”类“鉴定项目”中，对应“设备维护与保养”和“工艺计算与记录”，在已选定的至少1个鉴定项目中，至少选取已选鉴定项目所对应的全部鉴定要素的60%项，并向上保留整数。

举例分析：

按照上述“第6条”要求，若命题时按最少数量选取，即：在“D”类鉴定项目中选取了“半成品工艺准备”1项，在“E”类鉴定项目中选取了“开机成型”、“成型质量”2项，在“F”类鉴定项目中分别选取了“设备维护”、“工艺记录”2项，则：

此考核制件所涉及的“鉴定项目”总数为5项，具体包括：“半成品工艺准备”、“开机成型”、“成型质量”、“设备维护”、“工艺记录”；

此考核制件所涉及的鉴定要素“选考数量”相应为12项，具体包括：“半成品工艺准备”鉴定项目包含的全部3个鉴定要素中的2项，“开机成型”、“成型质量”2个鉴定项目包括的全部7个鉴定要素中的5项，“设备维护”鉴定项目包含的全部4个鉴定要素中的3项，“工艺记录”鉴定项目包含的全部3个鉴定要素中的2项。

7. 本职业等级技能操作需要两人及以上共同作业的，可由鉴定组织机构根据“必要、辅助”的原则，结合实际情况确定协助人员的数量。在整个操作过程中，协助人员只能起必要、简单的辅助作用。否则，每违反一次，至少扣减应考者的技能考核总成绩10分，直至取消其考试资格。

8. 实施“技能考核框架”时，应同时对应考者在质量、安全、工艺纪律、文明生产等方面行为进行考核。对于在技能操作考核过程中出现的违章作业现象，每违反一项(次)至少扣减技能考核总成绩10分，直至取消其考试资格。

注：按照中国中车规定，各《职业技能操作考核框架》的编制依据现行的《国家职业标准》或现行的《行业职业标准》或现行的《中国中车职业标准》的顺序执行。

二、橡胶成型工(初级工)技能操作鉴定要素细目表(空气弹簧)

职业功能	鉴定项目				鉴定要素		
	项目代码	名称	鉴定比重(%)	选考方式	要素代码	名称	重要程度
工艺准备	D	半成品工艺准备	15	任选	001	检查成型前空气弹簧气囊半成品部件帘布是否符合工艺技术标准	X
					002	检查成型前空气弹簧气囊半成品部件胶片是否符合工艺技术标准	X
					003	检查成型前空气弹簧气囊半成品部件钢丝圈是否符合工艺技术标准	X
		设备工艺准备			001	检查成型前空气弹簧气囊一段法成型机是否能正常工作	X
					002	检查成型前空气弹簧气囊机头是否能正常工作	X
成型操作	E	开机成型	60	必选	001	能按工艺文件要求，对气囊成型机的机头参数和指示灯位置等工装进行相应的调整	X
					002	能按操作规程要求，操作不同种类不同型号的空气弹簧气囊成型机，对不同规格的空气弹簧气囊按施工标准要求贴合、压实成一段成型法空气弹簧气囊囊坯	X
					003	能按操作规程要求，操作不同种类、不同型号的刺孔机和相应工装进行空气弹簧气囊不同规格囊胚的刺孔	X

续上表

职业功能	鉴定项目				鉴定要素		
	项目代码	名称	鉴定比重(%)	选考方式	要素代码	名　　称	重要程度
成型操作	E	成型质量	60	必选	001	能发现不同规格的一段成型法空气弹簧气囊成型过程常见的质量问题	X
					002	能发现不同规格的气囊囊坯刺孔过程常见的质量问题	X
					003	能检验成型后的空气弹簧气囊囊坯是否符合工艺技术标准	X
					004	能检验刺孔后的空气弹簧气囊囊坯是否符合工艺技术标准	X
设备保养与维护	F	设备维护	20	任选	001	能对空气弹簧气囊成型机进行一般性维护保养	X
					002	能对空气弹簧气囊刺孔机进行一般性维护保养	X
					003	能发现空气弹簧气囊刺孔机的异常现象	X
					004	能发现空气弹簧气囊成型机的异常现象	X
		设备调试			001	能对修理后的空气弹簧气囊成型机进行试车操作	X
					002	对修理后的空气弹簧气囊刺孔机进行试车操作	X
工艺计算与记录		工艺计算	5		001	能计算空气弹簧气囊班组产品产量	X
					002	能计算空气弹簧气囊班组产品合格率	X
		工艺记录			001	能填写空气弹簧气囊成型报表	X
					002	能填写交接班记录	X
					003	能填写设备运行保养记录	Y

注:重要程度中X表示核心要素,Y表示一般要素。下同。

中国中车
CRRC

橡胶成型工(初级工)
技能操作考核样题与分析

职业名称：______________________

考核等级：______________________

存档编号：______________________

考核站名称：______________________

鉴定责任人：______________________

命题责任人：______________________

主管负责人：______________________

中国中车股份有限公司劳动工资部制

职业技能鉴定技能操作考核制件图示或内容

按照相关工艺文件的要求，生产一件图1中样件。

图1 产品示意图

考试要求：

1. 检查成型用帘布是否符合工艺技术标准；
2. 检查成型用胶片是否符合工艺技术标准；
3. 能调整机头参数符合工艺文件要求；
4. 能调整指示灯位置符合工艺文件要求；
5. 操作空气弹簧一段法成型机，实现囊坯的成型；
6. 能发现空气弹簧气囊成型过程中常见的质量问题；
7. 能发现空气弹簧气囊囊坯刺孔过程中常见的质量问题；
8. 能检验成型后的空气弹簧气囊囊坯是否符合工艺技术标准；
9. 能对空气弹簧气囊成型机进行一般性的维护保养；
10. 能对空气弹簧气囊刺孔机进行一般性的维护保养；
11. 能发现空气弹簧气囊成型机的异常现象；
12. 能填写空气弹簧气囊成型报表；
13. 能填写交接班记录。

考试规则：

1. 每违反一次工艺纪律、安全操作、劳动保护等规定扣除10分。
2. 有重大安全事故、考试作弊者取消其考试资格。

职业名称	橡胶成型工
考核等级	初级工
试题名称	SYS540空气弹簧气囊成型
材质等信息：橡胶/胶帘布/钢丝圈	

职业技能鉴定技能操作考核准备单

职业名称	橡胶成型工
考核等级	初级工
试题名称	SYS540 空气弹簧气囊成型

一、材料准备

材料规格：

外胶 1 套；护胶 1 套；内胶 1 套；胶帘布 1 套；钢丝圈 1 套；腰带 1 套。具体尺寸见成型工艺卡片(GY/JZ-SRIT69-46-1)。

二、设备、工、量、卡具准备清单

序号	名　　称	规　　格	数量	备　　注
1	钢丝圈包布机		2 台	
2	气囊成型机	一段法成型	1 台	
3	囊坯刺孔机		1 台	
4	成型机头	SYS640G	1 件	
5	扣圈盘	SYS640G	2 件	
6	刀片	单面刀片	若干	
7	毛刷		2 把	
8	铁刷		1 把	
9	汽油		若干	
10	油壶		2 个	
11	手套	纯棉线手套	1 副	
12	卷尺	3 m	1 个	
13	钢板尺	1 m	1 个	
14	游标卡尺	150 mm	1 个	
15	测厚仪		1 个	
16	剪刀		1 把	
17	手锥子		1 把	
18	手压辊		1 把	
19	白蜡笔		若干	
20	量角器	0～180°	1 把	
21	胶油		若干	

三、考场准备

1. 相应的公用设备、工具

工作台。

2. 相应的场地及安全防范措施

①工作服及劳保鞋；

②抽风设备开启;

③压缩空气。

3. 其他准备

四、考核内容及要求

1. 考核内容(按考核制件图示及要求制作)

2. 考核时限:90 分钟(含工艺文件阅读及书面作答时间)

3. 考核评分

鉴定项目	序号	鉴定要素	配分	评分标准	得分
半成品工艺准备	1	帘布厚度符合工艺文件要求	2	每处违规扣 1 分	
	2	帘布宽度符合工艺文件要求	1	违规不得分	
	3	帘布角度符合工艺文件要求	2	每处违规扣 1 分	
	4	帘布表面质量符合工艺文件要求	2	每处违规扣 1 分	
	5	帘布有效期符合工艺文件要求	1	违规不得分	
	6	胶片厚度符合工艺文件要求	2	每处违规扣 1 分	
	7	胶片宽度符合工艺文件要求	1	违规不得分	
	8	胶片长度符合工艺文件要求	1	违规不得分	
	9	胶片表面质量符合工艺文件要求	2	每处违规扣 1 分	
	10	胶片有效期符合工艺文件要求	1	违规不得分	
开机成型	11	机头宽度的调整	2	违规不得分	
	12	机头直径的调整	2	违规不得分	
	13	指示灯位置的调整	4	每处违规扣 1 分	
	14	汽油的使用	3	每处违规扣 1 分	
	15	内胶贴合	3	每处违规扣 1 分	
	16	帘布层贴合	3	每处违规扣 1 分	
	17	正包	3	每处违规扣 1 分	
	18	扣钢丝圈	6	每处违规扣 1 分	
	19	反包	6	每处违规扣 1 分	
	20	外胶贴合	3	每处违规扣 1 分	
	21	护胶贴合	3	每处违规扣 1 分	
	22	压实	4	每处违规扣 1 分	
成型质量	23	“四正”	3	每处违规扣 1 分	
	24	“五无”	3	每处违规扣 1 分	
	25	刺孔针状态	2	违规不得分	
	26	刺孔密度	2	每处违规扣 1 分	
	27	囊坯外在质量	4	漏检一项扣 1 分	
	28	囊坯内在质量	4	漏检一项扣 1 分	
	29	气囊成型机的点检	4	每处违规扣 1 分	

续上表

鉴定项目	序号	鉴定要素	配分	评分标准	得分
设备维护	30	气囊成型机的润滑	4	每处违规扣1分	
	31	刺孔机的点检	3	每处违规扣1分	
	32	刺孔机的润滑	3	每处违规扣1分	
	33	成型机的异常现象	3	视作答情况得分	
	34	成型机头的异常现象	3	视作答情况得分	
记录	35	填写空气弹簧成型产量报表	2	不正确不得分	
	36	填写空气弹簧成型工艺报表	2	不正确不得分	
	37	填写交接班记录	1	不正确不得分	
质量、安全、工艺纪律、文明生产等综合考核项目	38	考核时限	不限	每超时10分钟,扣5分	
	39	工艺纪律	不限	依据企业有关工艺纪律管理规定执行,每违反一次扣10分	
	40	劳动保护	不限	依据企业有关劳动保护管理规定执行,每违反一次扣10分	
	41	文明生产	不限	依据企业有关文明生产管理规定执行,每违反一次扣10分	
	42	安全生产	不限	依据企业有关安全生产管理规定执行,每违反一次扣10分,有重大安全事故,取消成绩	

职业技能鉴定技能考核制件（内容）分析

职业名称	橡胶成型工				
考核等级	初级工				
试题名称	SYS540 空气弹簧气囊成型				
职业标准依据	《国家职业标准》				
试题中鉴定项目及鉴定要素的分析与确定					
分析事项＼鉴定项目分类	基本技能“D”	专业技能“E”	相关技能“F”	合计	数量与占比说明
鉴定项目总数	2	2	4	8	核心职业活动占比大于 2/3
选取的鉴定项目数量	1	2	2	5	
选取的鉴定项目数量占比(%)	50	100	50	63	
对应选取鉴定项目所包含的鉴定要素总数	3	7	7	17	鉴定要素数量占比大于 60%
选取的鉴定要素数量	2	5	5	12	
选取的鉴定要素数量占比(%)	67	71	71	71	

所选取鉴定项目及相应鉴定要素分解与说明

鉴定项目类别	鉴定项目名称	国家职业标准规定比重(%)	《框架》中鉴定要素名称	本命题中具体鉴定要素分解	配分	评分标准	考核难点说明
“D”	半成品工艺准备	15	检查成型前空气弹簧气囊半成品部件帘布是否符合工艺技术标准	帘布厚度符合工艺文件要求	2	每处违规扣 1 分	
				帘布宽度符合工艺文件要求	1	违规不得分	
				帘布角度符合工艺文件要求	2	每处违规扣 1 分	
				帘布表面质量符合工艺文件要求	2	每处违规扣 1 分	
				帘布有效期符合工艺文件要求	1	违规不得分	
			检查成型前空气弹簧气囊半成品部件胶片是否符合工艺技术标准	胶片厚度符合工艺文件要求	2	每处违规扣 1 分	
				胶片宽度符合工艺文件要求	1	违规不得分	
				胶片长度符合工艺文件要求	1	违规不得分	
				胶片表面质量符合工艺文件要求	2	每处违规扣 1 分	
				胶片有效期符合工艺文件要求	1	违规不得分	

续上表

鉴定项目类别	鉴定项目名称	国家职业标准规定比重(%)	《框架》中鉴定要素名称	本命题中具体鉴定要素分解	配分	评分标准	考核难点说明
"E"	开机成型	60	能按工艺文件要求,对气囊成型机的机头参数和指示灯位置等工装进行相应的调整	机头宽度的调整	2	违规不得分	难点,为生产的关键工序,其中扣钢丝圈和正包为重点
				机头直径的调整	2	违规不得分	
				指示灯位置的调整	4	每处违规扣1分	
			能按操作规程要求,操作不同种类不同型号的空气弹簧气囊成型机,对不同规格的空气弹簧气囊按施工标准要求贴合、压实成一段成型法空气弹簧气囊囊坯	汽油的使用	3	每处违规扣1分	
				内胶贴合	3	每处违规扣1分	
				帘布层贴合	3	每处违规扣1分	
				正包	3	每处违规扣1分	
				扣钢丝圈	6	每处违规扣1分	
				反包	6	每处违规扣1分	
				外胶贴合	3	每处违规扣1分	
				护胶贴合	3	每处违规扣1分	
				压实	4	每处违规扣1分	
	成型质量		能发现不同规格的一段成型法空气弹簧气囊成型过程常见的质量问题	"四正"	3	每处违规扣1分	
				"五无"	3	每处违规扣1分	
			能发现不同规格的气囊囊坯刺孔过程常见的质量问题	刺孔针状态	2	违规不得分	
				刺孔密度	2	每处违规扣1分	
			能检验成型后的空气弹簧气囊囊坯是否符合工艺技术标准	囊坯外在质量	4	漏检一项扣1分	
				囊坯内在质量	4	漏检一项扣1分	
"F"	设备维护	25	能对空气弹簧气囊成型机进行一般性维护保养	气囊成型机的点检	4	每处违规扣1分	
				气囊成型机的润滑	4	每处违规扣1分	
			能对空气弹簧气囊刺孔机进行一般性维护保养	刺孔机的点检	3	每处违规扣1分	
				刺孔机的润滑	3	每处违规扣1分	
			能发现空气弹簧气囊成型机的异常现象	成型机的异常现象	3	视作答情况得分	
				成型机头的异常现象	3	视作答情况得分	
	工艺记录		能填写空气弹簧气囊成型报表	填写空气弹簧成型产量报表	2	不正确不得分	
				填写空气弹簧成型工艺报表	2	不正确不得分	
			能填写交接班记录	填写交接班记录	1	不正确不得分	

续上表

鉴定项目类别	鉴定项目名称	国家职业标准规定比重(%)	《框架》中鉴定要素名称	本命题中具体鉴定要素分解	配分	评分标准	考核难点说明
质量、安全、工艺纪律、文明生产等综合考核项目				考核时限	不限	每超时10分钟，扣5分	
				工艺纪律	不限	依据企业有关工艺纪律管理规定执行，每违反一次扣10分	
				劳动保护	不限	依据企业有关劳动保护管理规定执行，每违反一次扣10分	
				文明生产	不限	依据企业有关文明生产管理规定执行，每违反一次扣10分	
				安全生产	不限	依据企业有关安全生产管理规定执行，每违反一次扣10分，有重大安全事故，取消成绩	

橡胶成型工(中级工)技能操作考核框架

一、框架说明

1. 依据《国家职业标准》注,以及中国中车确定的“岗位个性服从于职业共性”的原则,提出橡胶成型工(中级工)技能操作考核框架(以下简称:技能考核框架)。

2. 本职业等级技能操作考核评分采用百分制,即:满分为 100 分,60 分为及格,低于 60 分为不及格。

3. 实施“技能考核框架”时,考核制件(活动)命题可以选用本企业的加工件(活动项目),也可以结合实际另外组织命题。

4. 实施“技能考核框架”时,考核的时间和场地条件等应依据《国家职业标准》,并结合企业实际确定。

5. 实施“技能考核框架”时,其“职业功能”的分类按以下要求确定:

(1)根据《国家职业标准》要求,橡胶成型工应根据申报情况选择外胎成型、内胎成型、胶管成型、胶带成型、胶鞋成型、胶布制品成型、浇注型聚氨酯胶件成型、胶乳制品成型、橡胶杂品成型九个职业功能之一进行考评,本技能考核框架选择橡胶杂品成型中的空气弹簧进行考评。

(2)“成型操作”属于本职业等级技能操作的核心职业活动,其“项目代码”为“E”。

(3)“设备保养与维护”、“工艺计算与记录”属于本职业等级技能操作的辅助性活动,其“项目代码”为“F”。

6. 实施“技能考核框架”时,其“鉴定项目”和“选考数量”按以下要求确定:

(1)按照《国家职业标准》有关技能操作鉴定比重的要求,本职业等级技能操作考核制件的“鉴定项目”应按“E”+“F”组合,其考核配分比例相应为:“E”占 70 分,“F”占 30 分(其中:设备保养与维护 20 分,工艺计算与记录 10 分)。

(2)依据中国中车确定的“核心职业活动选取 2/3,并向上取整”的规定,在“E”类鉴定项目——“成型操作”的全部 3 项中,至少选取 2 项。

(3)依据中国中车确定的“其余‘鉴定项目’的数量可以任选”的规定,“D”和“F”类鉴定项目——“设备保养与维护”、“工艺计算与记录”中,至少分别选取 1 项。

(4)依据中国中车确定的“确定‘选考数量’时,所涉及‘鉴定要素’的数量占比,应不低于对应‘鉴定项目’范围内‘鉴定要素’总数的 60%,并向上取整”的规定,考核制件(活动)的鉴定要素“选考数量”应按以下要求确定:

①在“E”类“鉴定项目”中,在已选定的至少 2 个鉴定项目中所包含的全部鉴定要素中,至少选取总数的 60%项,并向上保留整数。

②在“F”类“鉴定项目”中,对应“设备保养与维护”、“工艺计算与记录”,在已选定的至少 1 个鉴定项目中,至少选取已选鉴定项目所对应的全部鉴定要素的 60%项,并向上保留整数。

举例分析:

按照上述"第6条"要求,若命题时按最少数量选取,即:在"E"类鉴定项目中选取了"开机成型"、"成型后处理"2项,在"F"类鉴定项目中分别选取了"设备维护"、"工艺记录"2项,则:

此考核制件所涉及的"鉴定项目"总数为4项,具体包括:"开机成型"、"成型后处理","设备维护"、"工艺记录";

此考核制件所涉及的鉴定要素"选考数量"相应为12项,具体包括:"开机成型"、"成型后处理"2个鉴定项目包括的全部10个鉴定要素中的6项,"设备维护"鉴定项目包含的全部6个鉴定要素中的4项,"工艺记录"鉴定项目包含的全部3个鉴定要素中的2项。

7. 本职业等级技能操作需要两人及以上共同作业的,可由鉴定组织机构根据"必要、辅助"的原则,结合实际情况确定协助人员的数量。在整个操作过程中,协助人员只能起必要、简单的辅助作用。否则,每违反一次,至少扣减应考者的技能考核总成绩10分,直至取消其考试资格。

8. 实施"技能考核框架"时,应同时对应考者在质量、安全、工艺纪律、文明生产等方面行为进行考核。对于在技能操作考核过程中出现的违章作业现象,每违反一项(次)至少扣减技能考核总成绩10分,直至取消其考试资格。

注:按照中国中车规定,各《职业技能操作考核框架》的编制依据现行的《国家职业标准》或现行的《行业职业标准》或现行的《中国中车职业标准》的顺序执行。

二、橡胶成型工(中级工)技能操作鉴定要素细目表(空气弹簧)

职业功能	鉴定项目				鉴定要素		
	项目代码	名称	鉴定比重(%)	选考方式	要素代码	名称	重要程度
成型操作	E	开机成型	70	至少选两项	001	能按操作规程要求,操作不同种类、不同型号的钢丝圈包布机进行空气弹簧气囊不同规格钢丝圈的后成型	X
					002	能按操作规程要求,操作不同种类、不同型号的钢丝圈包布机和相应工装进行空气弹簧气囊不同规格腰带的后成型	X
					003	能按操作规程要求,操作不同种类不同型号的空气弹簧气囊成型机,对不同规格的空气弹簧气囊按施工标准要求贴合、压实成一段成型法空气弹簧气囊囊坯	X
					004	能按操作规程要求,操作不同种类、不同型号的刺孔机和相应工装进行空气弹簧气囊不同规格囊胚的刺孔	X
					005	能按工艺文件要求,使用相应工装进行空气弹簧气囊不同规格腰带的刺孔	X
					006	能根据工艺文件的要求,对不同规格的空气弹簧气囊成型一段法成型机头进行更换。	X
		成型后处理			001	能发现不同规格的空气弹簧腰带的外观质量问题	X
					002	能对不同规格的成型后有外观缺陷的空气弹簧腰带进行返修	X
					003	能发现不同规格的成型后有缺陷的一段成型法空气弹簧气囊囊胚的外观质量问题	X
					004	能对不同规格的成型后有缺陷的一段成型法空气弹簧气囊囊胚进行返修	X

续上表

职业功能	鉴定项目				鉴定要素		
	项目代码	名称	鉴定比重（%）	选考方式	要素代码	名称	重要程度
成型操作	E	成型质量	70	至少选两项	001	能发现不同规格的空气弹簧气囊腰带后成型过程中常见的质量问题	X
					002	能对不同规格的空气弹簧气囊腰带后成型过程中常见的质量问题分析原因	X
					003	能发现不同规格的一段成型法空气弹簧气囊成型发生的常见质量问题	X
					004	能对不同规格的一段成型法空气弹簧气囊成型发生的常见质量问题分析原因	X
设备保养与维护	F	设备维护	20	任选	001	能监控不同型号的空气弹簧气囊一段成型法成型机的运行情况	X
					002	能对不同型号的空气弹簧气囊一段成型法成型机提出检修项目	Y
					003	能监控不同型号的的空气弹簧气囊钢丝圈包布机的运行情况	X
					004	能对不同型号的空气弹簧气囊钢丝圈包布机提出检修项目	Y
					005	能监控不同型号的的空气弹簧气囊刺孔机的运行情况	X
					006	能对不同型号的空气弹簧气囊刺孔机提出检修项目	Y
		设备保养			001	能报告不同型号的空气弹簧气囊一段成型法成型机的不安全因素	X
					002	能对不同型号的空气弹簧气囊一段成型法成型机的不安全因素采取措施	X
					003	能报告不同型号的空气弹簧气囊钢丝圈包布机的不安全因素	X
					004	能对不同型号的空气弹簧气囊钢丝圈包布机的不安全因素采取措施	X
					005	能报告不同型号的空气弹簧气囊刺孔机的不安全因素	X
					006	能对不同型号的空气弹簧气囊刺孔机的不安全因素采取措施	X
		设备调试			001	能对新空气弹簧气囊成型机进行设备空车调试	X
					002	能对新空气弹簧气囊成型机进行设备试生产	X
					003	能对新空气弹簧气囊钢丝圈包布机进行设备空车调试	X
					004	能对新空气弹簧气囊钢丝圈包布机进行设备试生产	X
					005	能对新空气弹簧气囊刺孔机进行设备空车调试	X
					006	能对新空气弹簧气囊刺孔机进行设备试生产	X
工艺计算与记录		工艺计算	10		001	能计算空气弹簧气囊班组产品产量	X
					002	能计算空气弹簧气囊班组产品合格率	X
					003	能计算空气弹簧气囊成型机头调整环的宽度	Y
		工艺记录			001	能填写空气弹簧气囊成型报表	X
					002	能填写交接班记录	X
					003	能填写设备故障维修报表	Y

中国中车
CRRC

橡胶成型工(中级工)
技能操作考核样题与分析

职业名称：______________________

考核等级：______________________

存档编号：______________________

考核站名称：______________________

鉴定责任人：______________________

命题责任人：______________________

主管负责人：______________________

中国中车股份有限公司劳动工资部制

职业技能鉴定技能操作考核制件图示或内容

按照相关工艺文件的要求，生产一件图 2 中样件。

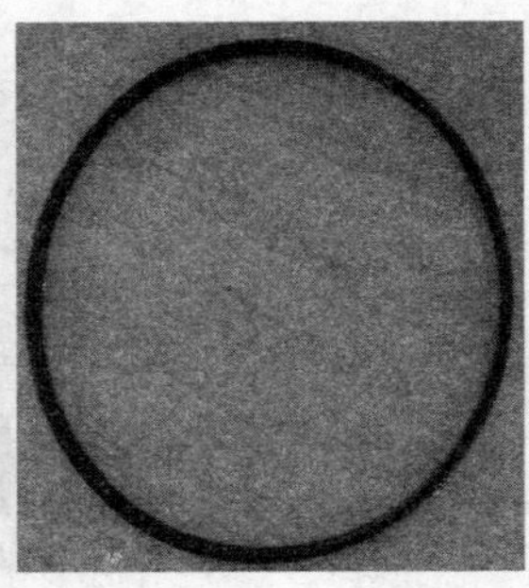

图 2　产品示意图

考试要求：

1. 操作钢丝圈包布机，实现钢丝圈包布缠绕；
2. 操作钢丝圈包布机，实现腰带的包布缠绕；
3. 实现腰带胶片的手工缠绕；
4. 操作空气弹簧一段法成型机，实现囊坯的成型；
5. 操作刺孔机，实现对囊坯的刺孔工艺；
6. 能发现成型完毕的空气弹簧气囊囊坯的外观质量问题；
7. 能对发现的成型完毕的空气弹簧气囊囊坯的外观质量问题进行返修；
8. 监控并报告一段成型法成型机的运行情况；
9. 提出一段成型法成型机的检修项目；
10. 监控并报告钢丝圈包布机的运行情况；
11. 提出钢丝圈包布机的检修项目；
12. 填写空气弹簧气囊成型报表；
13. 填写交接班记录。

考试规则：

1. 每违反一次工艺纪律、安全操作、劳动保护等规定扣除 10 分。
2. 有重大安全事故、考试作弊者取消其考试资格。

职业名称	橡胶成型工
考核等级	中级工
试题名称	SYS640G 空气弹簧气囊成型
材质等信息：橡胶/胶帘布/钢丝圈	

职业技能鉴定技能操作考核准备单

职业名称	橡胶成型工
考核等级	中级工
试题名称	SYS640G 空气弹簧气囊成型

一、材料准备

材料规格：

外胶 1 套；护胶 1 套；内胶 1 套；胶帘布 1 套；钢丝圈 1 套；腰带 1 套。具体尺寸见成型工艺卡片(GY/JZ-SRIT62-46-1)。

二、设备、工、量、卡具准备清单

序号	名　称	规　格	数量	备　注
1	钢丝圈包布机		2 台	
2	气囊成型机	一段法成型	1 台	
3	囊坯刺孔机		1 台	
4	成型机头	SYS640G	1 件	
5	扣圈盘	SYS640G	2 件	
6	刀片	单面刀片	若干	
7	毛刷		2 把	
8	铁刷		1 把	
9	汽油		若干	
10	胶油		若干	
11	油壶		2 个	
12	手套	纯棉线手套	1 副	
13	卷尺	3 m	1 个	
14	钢板尺	1 m	1 个	
15	游标卡尺	150 mm	1 个	
16	测厚仪		1 个	
17	量角器	0～180°	1 个	
18	剪刀		1 把	
19	手锥子		1 把	
20	手压辊		1 把	
21	白蜡笔		若干	

三、考场准备

1. 相应的公用设备、工具

工作台。

2. 相应的场地及安全防范措施

①工作服及劳保鞋;

②抽风设备开启;

③压缩空气。

3. 其他准备

四、考核内容及要求

1. 考核内容(按考核制件图示及要求制作)

2. 考核时限:90 分钟(含工艺文件阅读及书面作答时间)

3. 考核评分

鉴定项目	序号	鉴定要素	配分	评分标准	得分
开机成型	1	钢丝圈缠绕包布	4	每处违规扣 1 分	
	2	钢丝圈缠绕胶芯	3	每处违规扣 1 分	
	3	腰带缠绕包布	5	每处违规扣 1 分	
	4	腰带缠绕胶片	4	每处违规扣 1 分	
	5	汽油的使用	5	每处违规扣 1 分	
	6	内胶贴合	3	每处违规扣 1 分	
	7	帘布层贴合	5	每处违规扣 1 分	
	8	正包	4	每处违规扣 1 分	
	9	扣钢丝圈	5	每处违规扣 1 分	
	10	反包	6	每处违规扣 1 分	
	11	外胶贴合	4	每处违规扣 1 分	
	12	护胶贴合	4	每处违规扣 1 分	
	13	压实	4	每处违规扣 1 分	
	14	囊坯的刺孔	3	每处违规扣 1 分	
	15	腰带的刺孔	3	每处违规扣 1 分	
成型后处理	16	囊坯的外观质量检查	4	漏查一项扣 1 分	
	17	囊坯的外观质量修理	4	漏修、返修不合格一项扣 1 分	
设备维护	18	报告一段法成型机主机的运行情况	4	视作答情况得分	
	19	提出一段法成型机供料架的运行情况	4	视作答情况得分	
	20	报告一段法成型机主机的检修项目	4	视作答情况得分	
	21	提出一段法成型机供料架的检修项目	4	视作答情况得分	
	22	报告钢丝圈包布机的运行情况	2	视作答情况得分	
	23	提出钢丝圈包布机的检修项目	2	视作答情况得分	
记录	24	填写空气弹簧成型产量报表	3	不正确不得分	
	25	填写空气弹簧成型工艺报表	4	不正确不得分	
	26	填写交接班记录	3	不正确不得分	

续上表

鉴定项目	序号	鉴定要素	配分	评分标准	得分
质量、安全、工艺纪律、文明生产等综合考核项目	27	考核时限	不限	每超时10分钟,扣5分	
	28	工艺纪律	不限	依据企业有关工艺纪律管理规定执行,每违反一次扣10分	
	29	劳动保护	不限	依据企业有关劳动保护管理规定执行,每违反一次扣10分	
	30	文明生产	不限	依据企业有关文明生产管理规定执行,每违反一次扣10分	
	31	安全生产	不限	依据企业有关安全生产管理规定执行,每违反一次扣10分,有重大安全事故,取消成绩	

职业技能鉴定技能考核制件(内容)分析

<table>
<tr><td>职业名称</td><td colspan="5">橡胶成型工</td></tr>
<tr><td>考核等级</td><td colspan="5">中级工</td></tr>
<tr><td>试题名称</td><td colspan="5">SYS640G 空气弹簧气囊成型</td></tr>
<tr><td>职业标准依据</td><td colspan="5">《国家职业标准》</td></tr>
<tr><td colspan="6">试题中鉴定项目及鉴定要素的分析与确定</td></tr>
<tr><td>鉴定项目分类 / 分析事项</td><td>基本技能“D”</td><td>专业技能“E”</td><td>相关技能“F”</td><td>合计</td><td>数量与占比说明</td></tr>
<tr><td>鉴定项目总数</td><td></td><td>3</td><td>5</td><td>8</td><td rowspan="3">核心职业活动占比大于 2/3</td></tr>
<tr><td>选取的鉴定项目数量</td><td></td><td>2</td><td>2</td><td>4</td></tr>
<tr><td>选取的鉴定项目数量占比(%)</td><td></td><td>67</td><td>40</td><td>50</td></tr>
<tr><td>对应选取鉴定项目所包含的鉴定要素总数</td><td></td><td>10</td><td>9</td><td>19</td><td rowspan="3">鉴定要素数量占比大于 60%</td></tr>
<tr><td>选取的鉴定要素数量</td><td></td><td>6</td><td>6</td><td>12</td></tr>
<tr><td>选取的鉴定要素数量占比(%)</td><td></td><td>60</td><td>67</td><td>63</td></tr>
</table>

<table>
<tr><td colspan="8">所选取鉴定项目及相应鉴定要素分解与说明</td></tr>
<tr><td>鉴定项目类别</td><td>鉴定项目名称</td><td>国家职业标准规定比重(%)</td><td>《框架》中鉴定要素名称</td><td>本命题中具体鉴定要素分解</td><td>配分</td><td>评分标准</td><td>考核难点说明</td></tr>
<tr><td rowspan="14">“E”</td><td rowspan="14">开机成型</td><td rowspan="14">70</td><td rowspan="2">能按操作规程要求,操作不同种类、不同型号的钢丝圈包布机进行空气弹簧气囊不同规格钢丝圈的后成型</td><td>钢丝圈缠绕包布</td><td>4</td><td>每处违规扣 1 分</td><td></td></tr>
<tr><td>钢丝圈缠绕胶芯</td><td>3</td><td>每处违规扣 1 分</td><td></td></tr>
<tr><td rowspan="2">能按操作规程要求,操作不同种类、不同型号的钢丝圈包布机和相应工装进行空气弹簧气囊不同规格腰带的后成型</td><td>腰带缠绕包布</td><td>5</td><td>每处违规扣 1 分</td><td></td></tr>
<tr><td>腰带缠绕胶片</td><td>4</td><td>每处违规扣 1 分</td><td></td></tr>
<tr><td rowspan="10">能按操作规程要求,操作不同种类、不同型号的空气弹簧气囊成型机,对不同规格的空气弹簧气囊按施工标准要求贴合、压实成一段成型法空气弹簧气囊囊坯</td><td>汽油的使用</td><td>5</td><td>每处违规扣 1 分</td><td></td></tr>
<tr><td>内胶贴合</td><td>3</td><td>每处违规扣 1 分</td><td rowspan="2"></td></tr>
<tr><td>帘布层贴合</td><td>5</td><td>每处违规扣 1 分</td></tr>
<tr><td>正包</td><td>4</td><td>每处违规扣 1 分</td><td rowspan="7">难点,生产的关键工序,其中扣钢丝圈和正包为重点</td></tr>
<tr><td>扣钢丝圈</td><td>5</td><td>每处违规扣 1 分</td></tr>
<tr><td>反包</td><td>6</td><td>每处违规扣 1 分</td></tr>
<tr><td>外胶贴合</td><td>4</td><td>每处违规扣 1 分</td></tr>
<tr><td>护胶贴合</td><td>4</td><td>每处违规扣 1 分</td></tr>
<tr><td>压实</td><td>4</td><td>每处违规扣 1 分</td></tr>
</table>

续上表

鉴定项目类别	鉴定项目名称	国家职业标准规定比重(%)	《框架》中鉴定要素名称	本命题中具体鉴定要素分解	配分	评分标准	考核难点说明
"E"	开机成型	70	能按操作规程要求,操作不同种类、不同型号的刺孔机和相应工装进行空气弹簧气囊不同规格囊坯的刺孔	囊坯的刺孔	3	每处违规扣1分	
				腰带的刺孔	3	每处违规扣1分	
	成型后处理		能发现不同规格的成型后有缺陷的一段成型法空气弹簧气囊囊坯的外观质量问题	囊坯的外观质量检查	4	漏查一项扣1分	
			能对不同规格的成型后有缺陷的一段成型法空气弹簧气囊囊坯进行返修	囊坯的外观质量修理	4	漏修、返修不合格一项扣1分	
"F"	设备维护	30	能监控不同型号的空气弹簧气囊一段成型法成型机的运行情况	报告一段法成型机主机的运行情况	4	视作答情况得分	
				提出一段法成型机供料架的运行情况	4	视作答情况得分	
			能对不同型号的空气弹簧气囊一段成型法成型机提出检修项目	报告一段法成型机主机的检修项目	4	视作答情况得分	
				提出一段法成型机供料架的检修项目	4	视作答情况得分	
			能监控不同型号的空气弹簧气囊钢丝圈包布机的运行情况	报告钢丝圈包布机的运行情况	2	视作答情况得分	
			能对不同型号的空气弹簧气囊钢丝圈包布机提出检修项目	提出钢丝圈包布机的检修项目	2	视作答情况得分	
	记录		能填写空气弹簧气囊成型报表	填写空气弹簧成型产量报表	3	不正确不得分	
				填写空气弹簧成型工艺报表	4	不正确不得分	
			能填写交接班记录	填写交接班记录	3	不正确不得分	
质量、安全、工艺纪律、文明生产等综合考核项目				考核时限	不限	每超时10分钟,扣5分	
				工艺纪律	不限	依据企业有关工艺纪律管理规定执行,每违反一次扣10分	
				劳动保护	不限	依据企业有关劳动保护管理规定执行,每违反一次扣10分	
				文明生产	不限	依据企业有关文明生产管理规定执行,每违反一次扣10分	
				安全生产	不限	依据企业有关安全生产管理规定执行,每违反一次扣10分,有重大安全事故,取消成绩	

橡胶成型工(高级工)技能操作考核框架

一、框架说明

1. 依据《国家职业标准》注,以及中国中车确定的“岗位个性服从于职业共性”的原则,提出橡胶成型工(高级工)技能操作考核框架(以下简称:技能考核框架)。

2. 本职业等级技能操作考核评分采用百分制,即:满分为 100 分,60 分为及格,低于 60 分为不及格。

3. 实施“技能考核框架”时,考核制件(活动)命题可以选用本企业的加工件(活动项目),也可以结合实际另外组织命题。

4. 实施“技能考核框架”时,考核的时间和场地条件等应依据《国家职业标准》,并结合企业实际确定。

5. 实施“技能考核框架”时,其“职业功能”的分类按以下要求确定:

(1)根据《橡胶成型工国家职业标准》要求,橡胶成型工应根据申报情况选择外胎成型、内胎成型、胶管成型、胶带成型、胶鞋成型、胶布制品成型、浇注型聚氨酯胶件成型、胶乳制品成型、橡胶杂品成型九个职业功能之一进行考评,本技能考核框架选择橡胶杂品成型中的空气弹簧进行考评。

(2)“成型操作”属于本职业等级技能操作的核心职业活动,其“项目代码”为“E”。

(3)“设备保养与维护”、“工艺计算与记录”、“管理与培训”属于本职业等级技能操作的辅助性活动,其“项目代码”为“F”。

6. 实施“技能考核框架”时,其“鉴定项目”和“选考数量”按以下要求确定:

(1)按照《国家职业标准》有关技能操作鉴定比重的要求,本职业等级技能操作考核制件的“鉴定项目”应按“E”+“F”组合,其考核配分比例相应为:“E”占 55 分,“F”占 45 分(其中:设备保养与维护 20 分,工艺计算与记录 10 分,管理与培训 15 分)。

(2)依据中国中车确定的“核心职业活动选取 2/3,并向上取整”的规定,在“E”类鉴定项目——“成型操作”的全部 2 项中,必选 2 项。

(3)依据中国中车确定的“其余‘鉴定项目’的数量可以任选”的规定,“F”类鉴定项目——“设备保养与维护”、“工艺计算与记录”、“管理与培训”中,至少分别选取 1 项。

(4)依据中国中车确定的“确定‘选考数量’时,所涉及‘鉴定要素’的数量占比,应不低于对应‘鉴定项目’范围内‘鉴定要素’总数的 60%,并向上取整”的规定,考核制件(活动)的鉴定要素“选考数量”应按以下要求确定:

①在“E”类“鉴定项目”中,在已选定的 2 个鉴定项目中所包含的全部鉴定要素中,至少选取总数的 60%项,并向上保留整数。

②在“F”类“鉴定项目”中,对应“设备保养与维护”、“工艺计算与记录”、“管理与培训”,在

已选定的至少1个鉴定项目中,至少选取已选鉴定项目所对应的全部鉴定要素的60%项,并向上保留整数。

举例分析:

按照上述"第6条"要求,若命题时按最少数量选取,即:在"E"类鉴定项目中选取了"开机成型"、"成型质量"2项,在"F"类鉴定项目中分别选取了"设备维护"、"工艺记录"、"技能操作指导"3项,则:

此考核制件所涉及的"鉴定项目"总数为5项,具体包括:"开机成型"、"成型质量"、"设备维护"、"工艺记录"、"技能操作指导";

此考核制件所涉及的鉴定要素"选考数量"相应为11项,具体包括:"开机成型"、"成型质量"2个鉴定项目包括的全部7个鉴定要素中的5项,"设备维护"鉴定项目包含的全部2个鉴定要素中的2项,"工艺记录"鉴定项目包含的全部3个鉴定要素中的2项,"技能操作指导"鉴定项目包含的全部3个鉴定要素中的2项。

7. 本职业等级技能操作需要两人及以上共同作业的,可由鉴定组织机构根据"必要、辅助"的原则,结合实际情况确定协助人员的数量。在整个操作过程中,协助人员只能起必要、简单的辅助作用。否则,每违反一次,至少扣减应考者的技能考核总成绩10分,直至取消其考试资格。

8. 实施"技能考核框架"时,应同时对应考者在质量、安全、工艺纪律、文明生产等方面行为进行考核。对于在技能操作考核过程中出现的违章作业现象,每违反一项(次)至少扣减技能考核总成绩10分,直至取消其考试资格。

注:按照中国中车规定,各《职业技能操作考核框架》的编制依据现行的《国家职业标准》或现行的《行业职业标准》或现行的《中国中车职业标准》的顺序执行。

一、橡胶成型工(高级工)技能操作鉴定要素细目表(空气弹簧)

职业功能	鉴定项目				鉴定要素		
	项目代码	名称	鉴定比重(%)	选考方式	要素代码	名　称	重要程度
成型操作	E	开机成型	55	必选	001	能按操作规程要求,操作不同种类、不同型号的空气弹簧气囊成型机,对不同规格的空气弹簧气囊按施工标准要求贴合、压实成二段成型法一段帘布筒	X
					002	能按操作规程要求,操作不同种类、不同型号的空气弹簧气囊成型机,对不同规格的空气弹簧气囊按施工标准要求贴合、压实成二段成型法空气弹簧气囊囊坯	X
					003	能根据工艺文件的要求,对不同规格的空气弹簧气囊成型二段法成型机头进行更换	X
		成型质量			001	能提出不同种类、不同型号的二段成型法空气弹簧气囊囊坯的内在质量问题	X
					002	能针对不同种类、不同型号的二段成型法空气弹簧气囊成型内在质量问题,提出改进成型操作的意见	X
					003	能针对不同种类、不同型号的二段成型法空气弹簧气囊成型生产发生的质量问题分析原因	X
					004	能针对不同种类、不同型号的二段成型法空气弹簧气囊成型生产发生的质量问题提出预防及改进措施	X

续上表

职业功能	鉴定项目				鉴定要素		
	项目代码	名称	鉴定比重（%）	选考方式	要素代码	名称	重要程度
设备保养与维护	F	设备维护	20	任选	001	能提出空气弹簧气囊成型设备中修项目的改进方案	X
					002	能提出空气弹簧气囊成型设备大修项目的改进方案	X
		设备调试			001	能组织并确认新空气弹簧气囊成型机设备的空车调试	X
					002	能组织并确认新空气弹簧气囊成型机设备的试生产	X
		机械制图知识			001	能识读空气弹簧气囊成型设备的结构简图	Y
					002	能识读空气弹簧气囊成型设备的装配简图	Y
					003	能绘制空气弹簧气囊成型设备的零件草图	Y
工艺计算与记录		工艺计算	10		001	能根据工艺要求制定空气弹簧气囊成型标准	X
					002	能对外胎成型进行经济核算	X
		工艺记录			001	能填写空气弹簧气囊成型报表	X
					002	能填写交接班记录	X
					003	能填写设备故障维修报表	X
管理与培训		管理	15		001	能组织质量管理小组开展质量攻关活动	Y
					002	能指导班组进行经济活动分析	Y
					003	能应用统计技术对生产工况进行分析	Y
					004	能制定空气弹簧气囊成型岗位的质量管理条例	Y
		理论培训			001	能撰写生产技术总结	X
					002	能编写质量问题处理预案	X
					003	能对初级操作人员进行理论培训	X
					004	能对中级操作人员进行理论培训	X
		技能操作指导			001	能对初级操作人员进行现场培训指导	X
					002	能对中级操作人员进行现场培训指导	X
					003	能传授特有的操作技能经验	X

橡胶成型工(高级工)技能操作考核样题与分析

职业名称：________________

考核等级：________________

存档编号：________________

考核站名称：________________

鉴定责任人：________________

命题责任人：________________

主管负责人：________________

中国中车股份有限公司劳动工资部制

职业技能鉴定技能操作考核制件图示或内容

按照相关工艺文件的要求，生产一件 SYS510E 空气弹簧大曲囊空气弹簧气囊囊坯。

考试要求：

1. 操作空气弹簧气囊一段成型机，实现 SYS510E 空气弹簧气囊帘布筒的成型；
2. 操作空气弹簧气囊二段成型机，实现 SYS510E 空气弹簧气囊囊坯的成型；
3. 能发现 SYS510E 空气弹簧气囊成型可能存在的内在质量问题；
4. 针对 SYS510E 空气弹簧气囊成型可能存在的内在质量问题，提出改进成型操作的意见；
5. 针对 SYS510E 空气弹簧气囊成型生产可能存在的质量问题，提出预防改进措施；
6. 能提出空气弹簧气囊二段成型机设备中修项目的改进方案；
7. 能提出空气弹簧气囊二段成型机设备大修项目的改进方案；
8. 能发现成型完毕的空气弹簧气囊囊坯的外观质量问题；
9. 能对发现的成型完毕的空气弹簧气囊囊坯的外观质量问题进行返修；
10. 填写空气弹簧气囊成型报表；
11. 填写交接班记录；
12. 能对中级操作人员进行现场培训指导；
13. 能传授特有的操作技能经验。

考试规则：

1. 每违反一次工艺纪律、安全操作、劳动保护等规定扣除 10 分。
2. 有重大安全事故、考试作弊者取消其考试资格。

职业名称	橡胶成型工
考核等级	高级工
试题名称	SYS510E 空气弹簧气囊成型
材质等信息：橡胶/胶帘布/钢丝圈	

职业技能鉴定技能操作考核准备单

职业名称	橡胶成型工
考核等级	高级工
试题名称	SYS510E 空气弹簧气囊成型

一、材料准备

材料规格：

外胶 1 套；护胶 1 套；内胶 1 套；胶帘布 1 套；钢丝圈 1 套。具体尺寸见成型工艺卡片(GY/JZ-SRIT68-46-1)。

二、设备、工、量、卡具准备清单

序号	名称	规格	数量	备注
1	钢丝圈包布机		2 台	
2	气囊成型机	一段成型机	1 台	
	橡胶成型机	二段成型机	1 台	
3	囊坯刺孔机		1 台	
4	成型机头	SYS640G	1 件	
5	扣圈盘	SYS640G	2 件	
6	刀片	单面刀片	若干	
7	毛刷		2 把	
8	铁刷		1 把	
9	汽油		若干	
10	油壶		2 个	
11	手套	纯棉线手套	1 副	
12	卷尺	3 m	1 个	
13	钢板尺	1 m	1 个	
14	游标卡尺	150 mm	1 个	
15	测厚仪		1 个	
16	剪刀		1 把	
17	手锥子		1 把	
18	手压辊		1 把	
19	白蜡笔		若干	
20	专用铜锥		1 把	
21	量角器	0～180°	1 把	
22	胶油		若干	

三、考场准备

1. 相应的公用设备、工具

工作台。

2. 相应的场地及安全防范措施

①工作服及劳保鞋；

②抽风设备开启；

③压缩空气。

3. 其他准备

四、考核内容及要求

1. 考核内容(按考核制件图示及要求制作)

2. 考核时限:90 分钟(含工艺文件阅读及书面作答时间)

3. 考核评分

鉴定项目	序号	鉴定要素	配分	评分标准	得分
开机成型	1	内胶贴合	3	每处违规扣 1 分	
	2	帘布贴合	4	每处违规扣 1 分	
	3	压实	4	每处违规扣 1 分	
	4	上帘布筒	3	每处违规扣 1 分	
	5	正包	3	每处违规扣 1 分	
	6	反包	5	每处违规扣 1 分	
	7	外胶贴合	3	每处违规扣 1 分	
	8	护胶贴合	4	每处违规扣 1 分	
	9	压实	3	每处违规扣 1 分	
	10	囊坯的刺孔	3	每处违规扣 1 分	
成型质量	11	能提出一段成型帘布筒的内在质量问题	3	漏查一项扣 1 分	
	12	能提出二段成型囊坯的内在质量问题	3	漏查一项扣 1 分	
	13	能针对一段成型帘布筒的内在质量问题,提出改进操作意见	3	漏修、返修不合格一项扣1分	
	14	能针对二段成型囊坯的内在质量问题,提出改进操作意见	3	漏修、返修不合格一项扣1分	
	15	能针对一段帘布筒成型过程中发生的质量问题提出预防改进措施	4	视作答情况得分	
	16	能针对二段囊坯成型过程中发生的质量问题提出预防改进措施	4	视作答情况得分	
设备维护	17	能提出一段成型机的中修项目改进方案	5	视作答情况得分	
	18	能提出二段成型机的中修项目改进方案	5	视作答情况得分	
	19	能提出一段成型机的大修项目改进方案	5	视作答情况得分	
	20	能提出二段成型机的大修项目改进方案	5	视作答情况得分	
工艺记录	21	填写空气弹簧成型产量报表	2	不正确不得分	
	22	填写空气弹簧成型工艺报表	3	不正确不得分	
	23	填写交接班记录	5	不正确不得分	

续上表

鉴定项目	序号	鉴定要素	配分	评分标准	得分
技能操作指导	24	能对中级操作人员一段成型帘布筒进行现场培训指导	3	视作答情况得分	
	25	能对中级操作人员二段成型囊坯进行现场培训指导	3	视作答情况得分	
	26	能传授特有的一段成型帘布筒技能经验	4	视作答情况得分	
	27	能传授特有的二段成型囊坯技能经验	5	视作答情况得分	
质量、安全、工艺纪律、文明生产等综合考核项目	28	考核时限	不限	每超时10分钟,扣5分	
	29	工艺纪律	不限	依据企业有关工艺纪律管理规定执行,每违反一次扣10分	
	30	劳动保护	不限	依据企业有关劳动保护管理规定执行,每违反一次扣10分	
	31	文明生产	不限	依据企业有关文明生产管理规定执行,每违反一次扣10分	
	32	安全生产	不限	依据企业有关安全生产管理规定执行,每违反一次扣10分,有重大安全事故,取消成绩	

职业技能鉴定技能考核制件(内容)分析

<table>
<tr><td>职业名称</td><td colspan="5">橡胶成型工</td></tr>
<tr><td>考核等级</td><td colspan="5">高级工</td></tr>
<tr><td>试题名称</td><td colspan="5">SYS510E空气弹簧气囊成型</td></tr>
<tr><td>职业标准依据</td><td colspan="5">《国家职业标准》</td></tr>
<tr><td colspan="6">试题中鉴定项目及鉴定要素的分析与确定</td></tr>
<tr><td>鉴定项目分类
分析事项</td><td>基本技能“D”</td><td>专业技能“E”</td><td>相关技能“F”</td><td>合计</td><td>数量与占比说明</td></tr>
<tr><td>鉴定项目总数</td><td>2</td><td>8</td><td></td><td>10</td><td rowspan="3">核心职业活动占比大于2/3</td></tr>
<tr><td>选取的鉴定项目数量</td><td>2</td><td>3</td><td></td><td>5</td></tr>
<tr><td>选取的鉴定项目数量占比(%)</td><td>100</td><td>38</td><td></td><td>50</td></tr>
<tr><td>对应选取鉴定项目所包含的鉴定要素总数</td><td>7</td><td>8</td><td></td><td>15</td><td rowspan="3">鉴定要素数量占比大于60%</td></tr>
<tr><td>选取的鉴定要素数量</td><td>5</td><td>6</td><td></td><td>11</td></tr>
<tr><td>选取的鉴定要素数量占比(%)</td><td>71</td><td>75</td><td></td><td>73</td></tr>
</table>

所选取鉴定项目及相应鉴定要素分解与说明

<table>
<tr><td>鉴定项目类别</td><td>鉴定项目名称</td><td>国家职业标准规定比重(%)</td><td>《框架》中鉴定要素名称</td><td>本命题中具体鉴定要素分解</td><td>配分</td><td>评分标准</td><td>考核难点说明</td></tr>
<tr><td rowspan="15">“E”</td><td rowspan="11">开机成型</td><td rowspan="15">55</td><td rowspan="3">能按操作规程要求，操作不同种类、不同型号的空气弹簧气囊成型机，对不同规格的空气弹簧气囊按施工标准要求贴合、压实成二段成型法一段帘布筒</td><td>内胶贴合</td><td>3</td><td>每处违规扣1分</td><td></td></tr>
<tr><td>帘布贴合</td><td>4</td><td>每处违规扣1分</td><td rowspan="2"></td></tr>
<tr><td>压实</td><td>4</td><td>每处违规扣1分</td></tr>
<tr><td rowspan="8">能按操作规程要求，操作不同种类、不同型号的空气弹簧气囊成型机，对不同规格的空气弹簧气囊按施工标准要求贴合、压实成二段成型法空气弹簧气囊囊坯</td><td>上帘布筒</td><td>3</td><td>每处违规扣1分</td><td rowspan="8">难点，生产关键工序，其中扣钢丝圈和正包为重点</td></tr>
<tr><td>正包</td><td>3</td><td>每处违规扣1分</td></tr>
<tr><td>反包</td><td>5</td><td>每处违规扣1分</td></tr>
<tr><td>外胶贴合</td><td>3</td><td>每处违规扣1分</td></tr>
<tr><td>护胶贴合</td><td>4</td><td>每处违规扣1分</td></tr>
<tr><td>压实</td><td>3</td><td>每处违规扣1分</td></tr>
<tr><td>囊坯的刺孔</td><td>3</td><td>每处违规扣1分</td></tr>
<tr><td>能提出一段成型帘布筒的内在质量问题</td><td>3</td><td>漏查一项扣1分</td></tr>
<tr><td rowspan="4">成型质量</td><td rowspan="2">能提出不同种类、不同型号的二段成型法空气弹簧气囊成型的内在质量问题</td><td>能提出二段成型囊坯的内在质量问题</td><td>3</td><td>漏查一项扣1分</td><td rowspan="4"></td></tr>
<tr><td>能针对一段成型帘布筒的内在质量问题，提出改进操作意见</td><td>3</td><td>漏修、返修不合格一项扣1分</td></tr>
<tr><td rowspan="2">能针对不同种类、不同型号的二段成型法空气弹簧气囊囊坯的内在质量问题，提出改进成型操作的意见</td><td>能针对二段成型囊坯的内在质量问题，提出改进操作意见</td><td>3</td><td>漏修、返修不合格一项扣1分</td></tr>
</table>

续上表

鉴定项目类别	鉴定项目名称	国家职业标准规定比重(%)	《框架》中鉴定要素名称	本命题中具体鉴定要素分解	配分	评分标准	考核难点说明
"E"	成型质量	55	能针对不同种类、不同型号的二段成型法空气弹簧气囊成型生产发生的质量问题提出预防及改进措施	能针对一段帘布筒成型过程中发生的质量问题提出预防改进措施	4	视作答情况得分	
				能针对二段囊坯成型过程中发生的质量问题提出预防改进措施	4	视作答情况得分	
"F"	设备维护	45	能提出空气弹簧气囊成型设备中修项目的改进方案	能提出一段成型机的中修项目改进方案	5	视作答情况得分	
				能提出二段成型机的中修项目改进方案	5	视作答情况得分	
			能提出空气弹簧气囊成型设备大修项目的改进方案	能提出一段成型机的大修项目改进方案	5	视作答情况得分	
				能提出二段成型机的大修项目改进方案	5	视作答情况得分	
	工艺记录		能填写空气弹簧气囊成型报表	填写空气弹簧成型产量报表	2	不正确不得分	
				填写空气弹簧成型工艺报表	3	不正确不得分	
			能填写交接班记录	填写交接班记录	5	不正确不得分	
	技能操作指导		能对中级操作人员进行现场培训指导	能对中级操作人员一段成型帘布筒进行现场培训指导	3	视作答情况得分	
				能对中级操作人员二段成型囊坯进行现场培训指导	3	视作答情况得分	
			能传授特有的操作技能经验	能传授特有的一段成型帘布筒技能经验	4	视作答情况得分	
				能传授特有的二段成型囊坯技能经验	5	视作答情况得分	
质量、安全、工艺纪律、文明生产等综合考核项目				考核时限	不限	每超时10分钟,扣5分	
				工艺纪律	不限	依据企业有关工艺纪律管理规定执行,每违反一次扣10分	
				劳动保护	不限	依据企业有关劳动保护管理规定执行,每违反一次扣10分	
				文明生产	不限	依据企业有关文明生产管理规定执行,每违反一次扣10分	
				安全生产	不限	依据企业有关安全生产管理规定执行,每违反一次扣10分,有重大安全事故,取消成绩